21世纪高等学校计算机教育实用规划教材

金艳 卢玲 陈媛 张建勋 等编著

C程序设计实验指导与题解

清华大学出版社
北京

内容简介

本书包括三部分。第1部分C语言实验指导包含12个实验，每个实验根据难易程度和掌握要求分为基本内容和选择内容；第2部分课程设计精选了一系列课程设计备选题目，并示范了一个具体案例；第3部分C语言典型例题解析设计了4套综合练习。

本书是《C语言程序设计基础教程》（ISBN 9787302246923）的配套教材，既可以单独作为大专院校C程序设计实验课程的教材或等级考试的考前练习册，也可以与主教材配套使用，学习效果更好。

图书在版编目（CIP）数据

C程序设计实验指导与题解 / 金艳，卢玲等编著. —北京：清华大学出版社，2013.2（2015.2重印）
21世纪高等学校计算机教育实用规划教材
ISBN 978-7-302-31471-4

Ⅰ. ①C… Ⅱ. ①金… ②卢… Ⅲ. ①C语言－程序设计－高等学校－教学参考资料 Ⅳ. ①TP312

中国版本图书馆CIP数据核字（2013）第023869号

责任编辑：付弘宇 薛 阳
封面设计：常雪影
责任校对：时翠兰
责任印制：宋 林

出版发行：清华大学出版社
网 址：http://www.tup.com.cn，http://www.wqbook.com
地 址：北京清华大学学研大厦A座 邮 编：100084
社 总 机：010-62770175 邮 购：010-62786544
投稿与读者服务：010-62776969，c-service@tup.tsinghua.edu.cn
质 量 反 馈：010-62772015，zhiliang@tup.tsinghua.edu.cn
课 件 下 载：http://www.tup.com.cn,010-62795954
印 刷 者：北京富博印刷有限公司
装 订 者：北京市密云县京文制本装订厂
经 销：全国新华书店
开 本：185mm×260mm 印 张：10 字 数：242千字
版 次：2013年2月第1版 印 次：2015年2月第3次印刷
印 数：6001～9000
定 价：19.00元

产品编号：051642-01

出版说明

随着我国高等教育规模的扩大以及产业结构调整的进一步完善，社会对高层次应用型人才的需求将更加迫切。各地高校紧密结合地方经济建设发展需要，科学运用市场调节机制，合理调整和配置教育资源，在改革和改造传统学科专业的基础上，加强工程型和应用型学科专业建设，积极设置主要面向地方支柱产业、高新技术产业、服务业的工程型和应用型学科专业，积极为地方经济建设输送各类应用型人才。各高校加大了使用信息科学等现代科学技术提升、改造传统学科专业的力度，从而实现传统学科专业向工程型和应用型学科专业的发展与转变。在发挥传统学科专业师资力量强、办学经验丰富、教学资源充裕等优势的同时，不断更新其教学内容、改革课程体系，使工程型和应用型学科专业教育与经济建设相适应。计算机课程教学在从传统学科向工程型和应用型学科转变中起着至关重要的作用，工程型和应用型学科专业中的计算机课程设置、内容体系和教学手段及方法等也具有不同于传统学科的鲜明特点。

为了配合高校工程型和应用型学科专业的建设和发展，急需出版一批内容新、体系新、方法新、手段新的高水平计算机课程教材。目前，工程型和应用型学科专业计算机课程教材的建设工作仍滞后于教学改革的实践，如现有的计算机教材中有不少内容陈旧（依然用传统专业计算机教材代替工程型和应用型学科专业教材），重理论、轻实践，不能满足按新的教学计划、课程设置的需要；一些课程的教材可供选择的品种太少；一些基础课的教材虽然品种较多，但低水平重复严重；有些教材内容庞杂，书越编越厚；专业课教材、教学辅助教材及教学参考书短缺，等等，都不利于学生能力的提高和素质的培养。为此，在教育部相关教学指导委员会专家的指导和建议下，清华大学出版社组织出版本系列教材，以满足工程型和应用型学科专业计算机课程教学的需要。本系列教材在规划过程中体现了如下一些基本原则和特点。

（1）面向工程型与应用型学科专业，强调计算机在各专业中的应用。教材内容坚持基本理论适度，反映基本理论和原理的综合应用，强调实践和应用环节。

（2）反映教学需要，促进教学发展。教材规划以新的工程型和应用型专业目录为依据。教材要适应多样化的教学需要，正确把握教学内容和课程体系的改革方向，在选择教材内容和编写体系时注意体现素质教育、创新能力与实践能力的培养，为学生知识、能力、素质协调发展创造条件。

（3）实施精品战略，突出重点，保证质量。规划教材建设仍然把重点放在公共基础课和专业基础课的教材建设上；特别注意选择并安排一部分原来基础比较好的优秀教材或讲义修订再版，逐步形成精品教材；提倡并鼓励编写体现工程型和应用型专业教学内容和课程体系改革成果的教材。

（4）主张一纲多本，合理配套。基础课和专业基础课教材要配套，同一门课程可以有多本具有不同内容特点的教材。处理好教材统一性与多样化，基本教材与辅助教材、教学参考书，文字教材与软件教材的关系，实现教材系列资源配套。

（5）依靠专家，择优选用。在制订教材规划时要依靠各课程专家在调查研究本课程教材建设现状的基础上提出规划选题。在落实主编人选时，要引入竞争机制，通过申报、评审确定主编。书稿完成后要认真实行审稿程序，确保出书质量。

繁荣教材出版事业，提高教材质量的关键是教师。建立一支高水平的以老带新的教材编写队伍才能保证教材的编写质量和建设力度，希望有志于教材建设的教师能够加入到我们的编写队伍中来。

21世纪高等学校计算机教育实用规划教材编委会
联系人：魏江江 weijj@tup.tsinghua.edu.cn

前　言

C 语言以其语言简洁紧凑、使用灵活方便、功能强、应用面广等诸多优点成为学习计算机程序设计语言的首选语言。然而，正是由于其功能强，编程限制少，灵活性大，也意味着易出错，调试困难，不好把握。所以对编程人员要求较高，尤其初学者会感到入门不易。针对上述问题，本书在编写上力图做到概念叙述简明清晰、通俗易懂，例题习题针对性强。

本书共包括以下三个部分。

第 1 部分是 C 语言实验指导。阐述了 C 语言上机实验的目的和要求；在 Microsoft Visual C++ 6.0 集成环境下编辑、编译、调试和运行 C 程序的方法；以及 C 程序编写过程中的常见错误和编译信息提示；主要实验内容共安排了 12 个实验，每个实验根据难易程度和掌握要求分为基本内容和选择内容两部分，基本内容的难易程度与计算机二级考试相当，选择内容更加注重算法分析及综合编程能力的培养。对程序中难以理解的地方，大多添加了注释，以便读者循序渐进地掌握程序设计的基本思想和基本方法。

第 2 部分是课程设计。详细介绍了 C 语言课程设计的目的、基本要求、课程设计的实施方案以及评价体系，精选了一系列课程设计备选题目，并通过示范一个具体案例，启发学生逐步完成课程设计。

第 3 部分是 C 语言典型例题。列举了一些典型例题，对重点和难点问题给出了提示或分析，还设计了 4 套综合练习题，以便读者进行自我测试。

最后，附录提供了课程设计报告的参考格式及综合练习题的参考答案。

全书由重庆理工大学“C 程序设计”精品课程建设小组的教师集体编写完成，金艳、卢玲主编，陈媛、张建勋、纪钢、陈渝、洪雄、李娅和何进参与了本书的编写。本书的作者都是长期在高校从事“C 程序设计”教学的一线教师，有丰富的教学经验和软件开发能力。

本书适合作为高等院校本科的辅助教材，也可作为高职高专的辅助教材，同时还可作为自学 C 语言程序设计的参考用书。

在本书的编写过程中，参考了大量有关 C 语言程序设计的书籍和资料，编者在此对这些作者表示感谢。

由于编者水平有限，书中难免存在疏漏和不足之处，恳请广大师生及读者不吝赐教，批评指正。

编者

2012 年 10 月

目 录

第 1 部分　C 语言实验指导

1.1　上机实验目的

程序设计是一门实践性很强的课程，必须十分重视实践环节，保证有足够的上机实验时间，最好能做到上机时间与授课时间之比为 1:1。由于课内上机时间一般较少，所以除了教学计划规定的上机实验必上以外，还提倡学生课余时间多上机实践。

学习程序设计课程不能满足于能看懂书上的程序，而应当熟练地掌握程序设计的全过程，即独立编写出源程序，独立上机调试程序，独立运行程序和分析结果。上机实验绝不仅仅是为了验证教材和讲课的内容，其目的如下。

（1）了解和熟悉 C 语言程序开发的环境。一个程序必须在一定的外部环境下才能运行，所谓“环境”，是指所用的计算机系统的硬件和软件条件。每一种系统的功能和操作方法不完全相同，但只要熟练掌握一两种系统的使用方法，就可以举一反三。

（2）加深对课堂讲授内容的理解。一些语法规定是 C 语言的重要组成部分，光靠课堂讲授，既枯燥无味又难以记住，通过多次上机实践，就能自然熟练地掌握。一些基本算法对于初学者来说也可能很抽象，通过上机运行，可以理解其奥妙，掌握其技巧。

（3）学会上机调试程序。即善于发现并纠正程序中的错误，使程序能正确运行。经验丰富的人，在编译链接过程中出现“出错信息”时，一般能很快地判断出错误所在并改正。而缺乏经验的人即使在明确的“出错提示”下也往往找不出错误而只能求救于别人。有些经验只能“意会”难以“言传”，仅靠教师的讲授是不够的，还必须亲自动手实践。调试程序的能力是程序设计人员的基本功，是自己实践的经验累积。

此外在做实验时，当程序正确运行后，不要急于做下一道题，应当在已通过的程序基础上作一些改动（例如修改一些参数、增加一些功能、改变输入数据的方法等），从多个角度完善程序，再进行编译、连接和运行，以观察和分析所出现的情况。要积极思考，主动学习。

1.2　上机实验基本要求

1．实验前的准备工作

为了提高上机实验的效率，上机实验前必须了解所用系统的性能和使用方法，事先做好准备工作，内容至少应包括以下几方面。

（1）复习和掌握与本实验有关的教学内容。

（2）准备好上机所需的程序。手编程序应书写清楚，并仔细检查。初学者切忌不编程序或抄其他人的程序上机，应从一开始就养成严谨的科学作风。

（3）对运行中可能出现的问题应事先做出估计；对程序中自己有疑问的地方，应做上记号，以便在上机时注意。

（4）准备好调试和运行时所需的数据（即设计测试方案）。

（5）写出实验预习报告（内容包括：实验题目、编写好的程序、可能存在的问题和测试数据）。

2．实验中的操作步骤

（1）进入 C 语言工作环境。

（2）输入自己编好的源程序。检查已输入的程序是否有错，如发现有错，则及时改正。

（3）进行编译和连接。若有语法错误，屏幕上会出现“出错信息”，根据提示找到出错位置和原因，加以改正，再进行编译，如此反复，直到顺利通过编译和连接为止。

（4）运行程序并分析运行结果。若不能正常运行或结果不正确，则说明有逻辑错误，经过调试、修改，再转步骤（3），直到得出正确的运行结果为止。

（5）输出程序清单和运行结果（若无打印条件，要记录下调试后的源程序和运行结果）。

（6）若还有时间，应尽可能在调试后的程序中补充一些功能，以提高自己的实践能力。

上机过程中出现的问题，一般应自己独立处理，不要轻易问教师。尤其对“出错信息”，应善于自己分析判断，学会举一反三。这是学习调试程序的良好机会。

3．实验后的分析整理

作为实验的总结，需分析整理出实验报告。实验报告应包括以下内容。

（1）实验题目。

（2）程序清单。

（3）运行结果（必须是上面程序列表所对应的输出结果）。

（4）对运行情况所做的分析，以及本次调试程序所取得的经验。如果程序未能通过，则应分析其原因。

1.3　上机实验环境

目前，可以编译和运行 C 语言程序的环境有很多，比如 Turbo C 环境、Boland C 环境、GCC（GNU Compiler Collection）、Microsoft Visual C++等。其中，Microsoft Visual C++ 6.0 是目前流行较广的软件，它提供了强大的开发能力，可以在这一平台上开发控制台应用程序、Windows 应用程序、绘图程序、Internet 应用程序等。本书采用 Microsoft Visual C++ 6.0 作为 C 语言程序的编译、调试和运行环境。

1.3.1　Microsoft Visual C++ 6.0 工作环境

1. 启动 Microsoft Visual C++ 6.0 环境

启动 Microsoft Visual C++ 6.0（后面简称为 VC）环境的常用方法有三种，介绍如下。

（1）通过双击桌面图标直接启动 VC 环境。

在桌面上找到 VC 的图标，双击即可打开 VC 编译环境。

（2）从“开始”菜单进入 VC 环境。

① 单击桌面左下角的“开始”菜单。

② 将鼠标上移至“程序”处。

③ 然后将鼠标右移，在下一级菜单中移至 Microsoft Visual Studio 6.0 处。

④ 再将鼠标右移至下一级菜单，并将鼠标移动到 Microsoft Visual C++ 6.0 处，单击即可打开 VC 编译环境。

（3）从桌面左下角的“运行”功能中进入 VC 环境。

① 单击桌面左下角的“开始”菜单。

② 将鼠标移到“运行”处，单击出现“运行”对话框。

③ 在弹出的对话框中输入“msdev”，然后单击“确定”按钮，即可打开 VC 环境。

打开 VC 后的窗体如图 1.1 所示，这就是编程时要用到的 VC 集成编译环境。

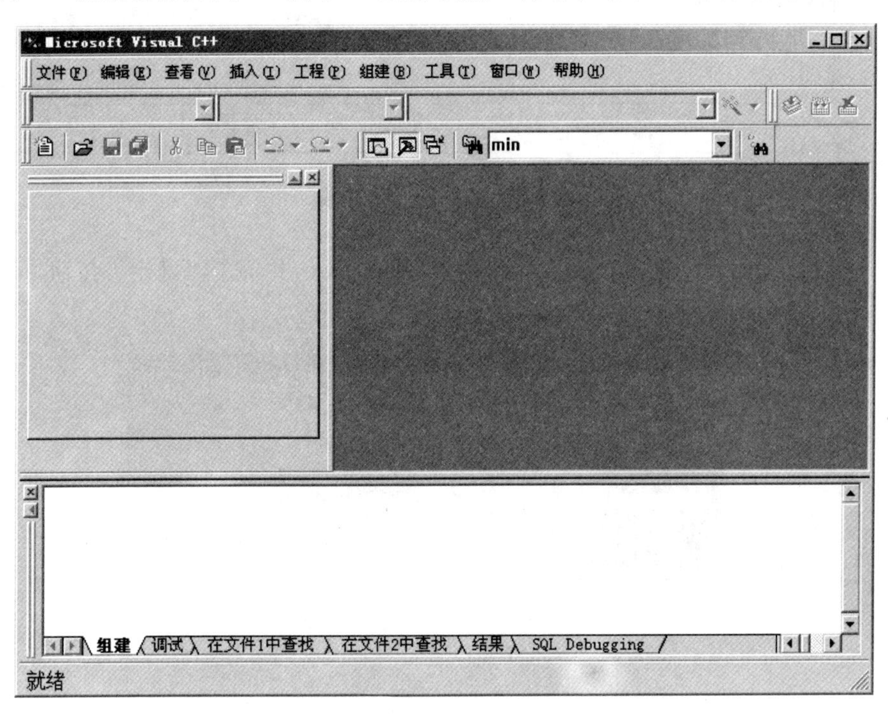

图 1.1　VC 环境窗口

2．建立工程

编写 C 程序之前，应该首先建立一个 VC 的工程（Project）。

建立工程的步骤如下。

（1）在如图 1.1 所示的 VC 环境窗口中单击“文件”菜单项，然后选择“新建”，出现如图 1.2 所示的对话框。该对话框中包含“文件”、“工程”、“工作区”、“其他文档”4 个选项卡。

（2）单击“工程”标签，从工程类型列表中选择工程类型。C 语言程序设计课程主要涉及的是算法程序，所以选择 Win32 Console Application 类型的工程。

（3）选择了工程类型后，应填写工程的名称，具体方法是：在如图 1.2 所示对话框的

“工程名称”文本框中输入工程名称，如“HelloWorld”。

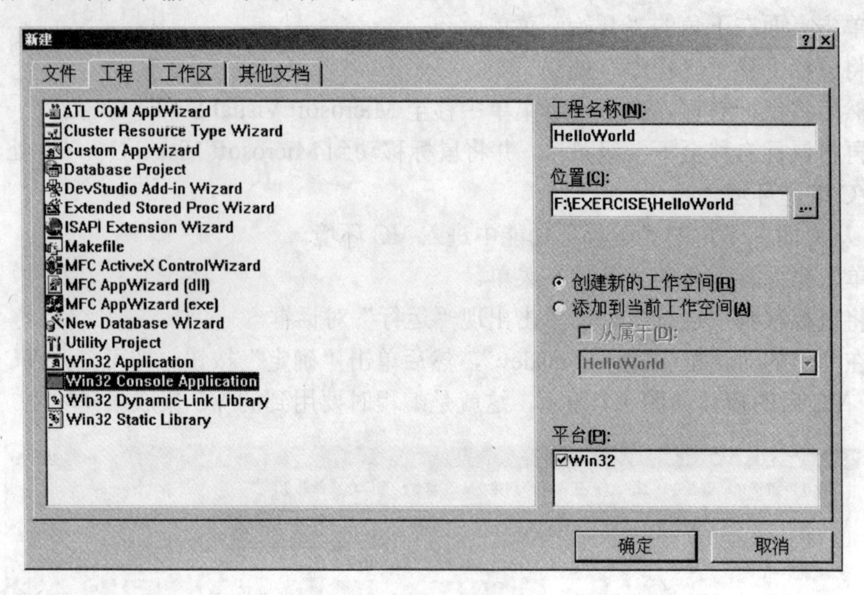

图 1.2　新建工程的对话框

（4）然后在“位置”文本框中选择保存工程的目录，并单击“确定”按钮，就会弹出如图 1.3 所示的对话框。

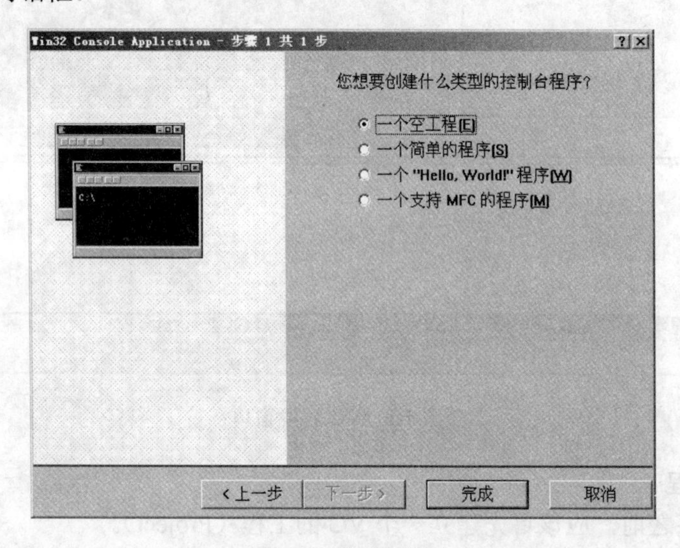

图 1.3　选择模板

（5）在如图 1.3 所示的对话框中，列出了 4 种预设的工程模板，选择第一项“一个空工程”，然后单击“完成”按钮，会弹出新工程报告对话框，如图 1.4 所示。从对话框中可以看到新建工程的一些简要信息，确定信息准确无误后，单击“确定”按钮，这样就成功地新建了一个 VC 工程。

现在观察一下 VC 编译环境中的变化，图 1.5 显示了新建 HelloWorld 工程后 VC 环境中的情况。窗口左边部分是工作区（Workspace），它显示了有关工程的信息，包括类信息、资源信息、源文件信息等。单击工作区下部的 FileView 标签，在工作区中可以看到三个目录：一般.cpp 文件放在 Source Files 文件夹中；头文件.h 或.hpp 放在 Header Files 文件夹中；资源文件放在 Resource Files 文件夹中；除这三个文件夹外，用户还可以建立自己的目录。

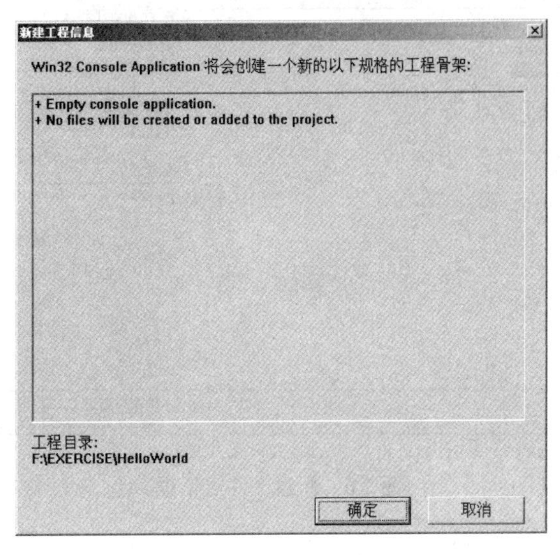

图 1.4　新工程报告对话框

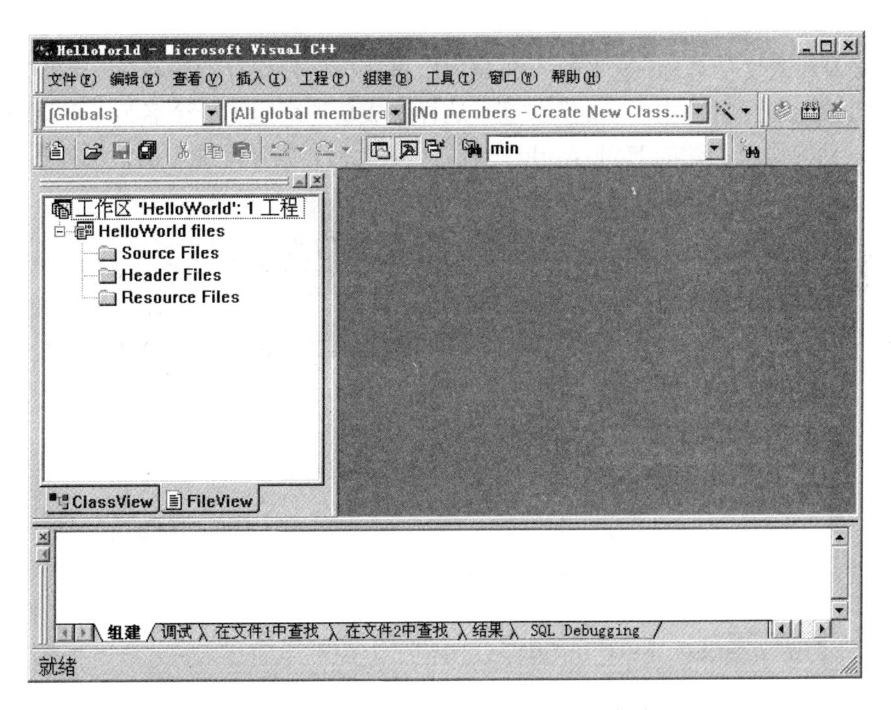

图 1.5　新建 HelloWorld 工程的展开全貌

3．向工程中加入新文件

在成功建立工程后，就可以向工程中添加新文件，以开始进行程序的编写和调试工作了。具体操作方法如下：

（1）单击“文件”菜单，然后单击“新建”菜单项，弹出如图 1.6 所示的对话框。

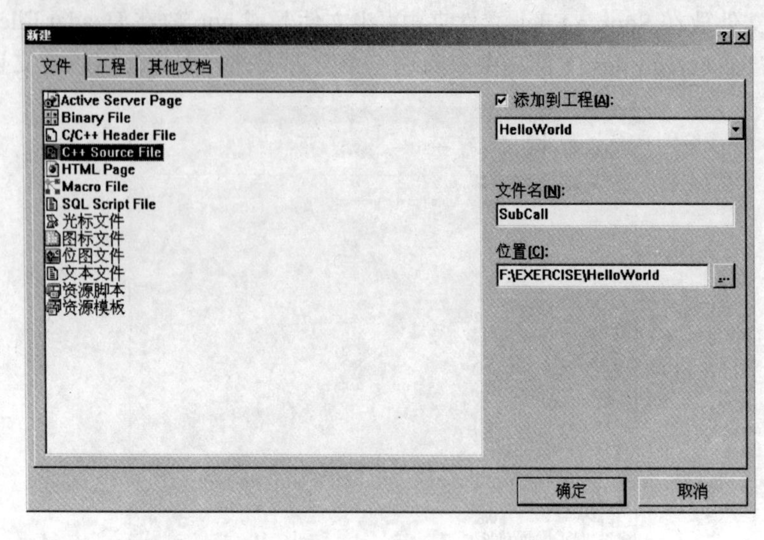

图 1.6　新建文件对话框

（2）在如图 1.6 所示的对话框中选择文件类型。例如，想建立一个.c 或.cpp 文件，那么可以选择 C++ Source File 类型，如果想建立一个.h 文件，那么可以选择 C/C++ Header File 类型。

（3）接着输入文件名称，这里输入 SubCall，再选择文件保存的路径，最后确认选中“添加到工程”复选框，并单击“确定”按钮，这样就成功地新建了一个名为 SubCall.cpp 的文件，并加入到前面已创建的 HelloWorld 工程之中。此时，编译环境中的情况如图 1.7 所示。

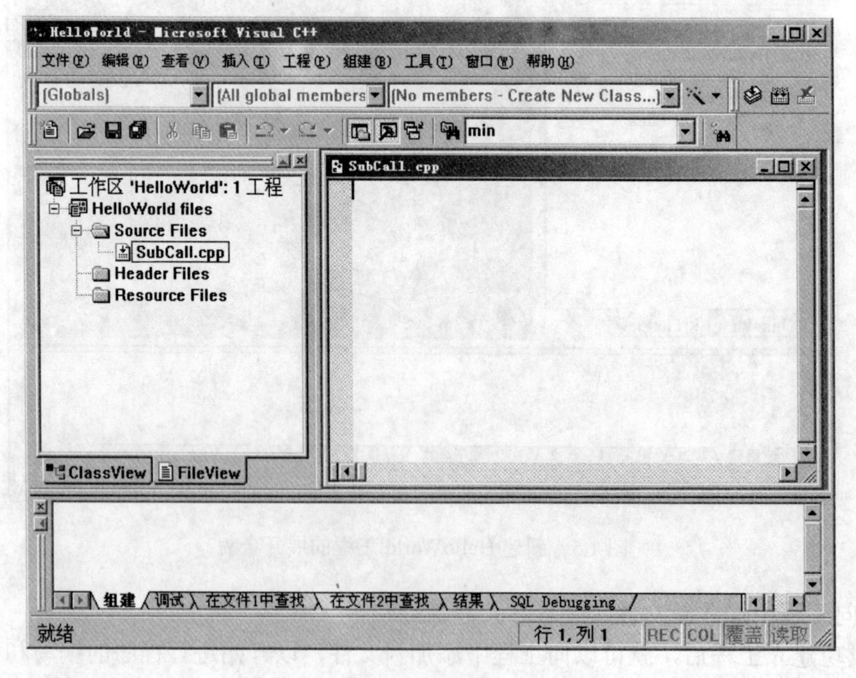

图 1.7　添加文件后的工作环境

4．编译、连接和运行程序

一个完整的C语言程序的编写过程一般包括4个步骤，即编写、编译、连接、运行。图1.8显示了编译、连接和运行程序时所常用的快捷按钮。

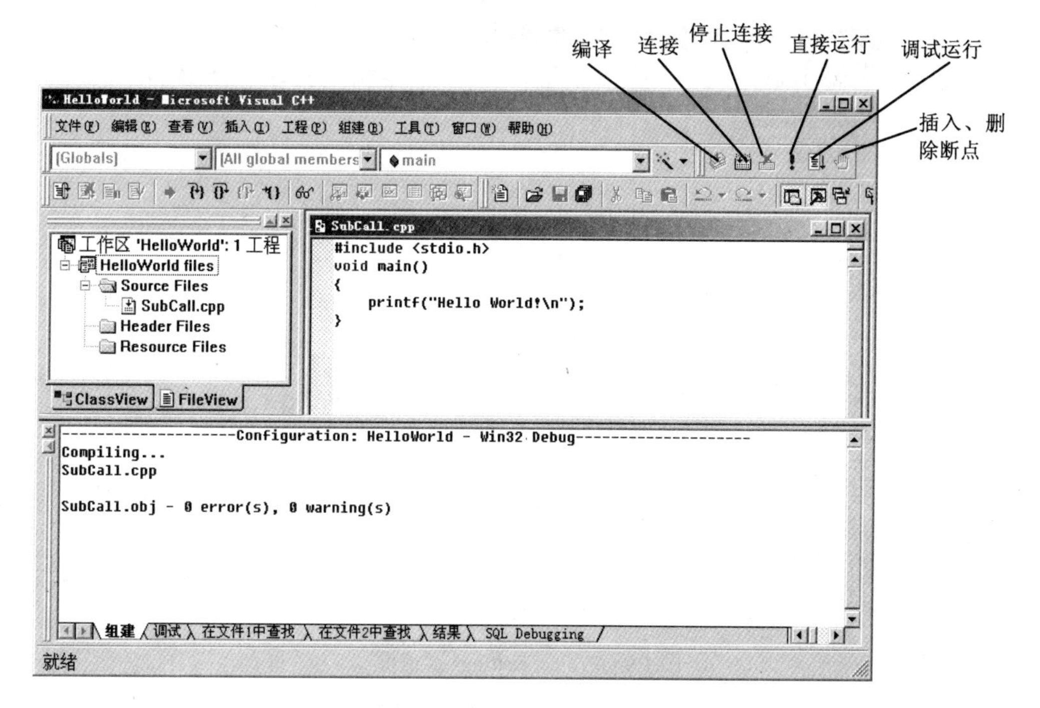

图1.8　编译、连接和运行程序

也可以通过键盘上的快捷键进行上述操作，介绍如下。

（1）Ctrl+F7（Compile）：进行程序的编译。

（2）F7（Build）：进行程序的编译、连接。

（3）F4：编译、连接后，如果出现错误（error）、警告（warning）等信息，按F4键可以直接跳转到错误、警告信息在源文件中所对应的行，便于编程者进行查看和修改，若继续按F4键，可依次跳转到相邻的下一个警告或错误之处，比较方便快捷。

（4）Ctrl+F5（Execute）：可以直接运行程序。

（5）F5（GO）：可以在Debug模式下运行程序，如果有预设的断点，运行时会在预设的断点处停止运行。

1.3.2　Microsoft Visual C++ 6.0 调试工具介绍

调试（Debugging）是指去掉程序中的错误的过程。程序中的错误可能是漏掉一个分号或者一个小括号；也可能是使用了一个未初始化的变量或数组的下标越界。在调试程序时，学会使用调试工具可提高程序调试的效率。无论错误类型是什么，总可以借助适当的调试方法来进行查找。

1．启动调试工具Debugger

要启动Debugger，首先要确认工程类型是Win32 Debug。方法是选择“工程”菜单项中的“设置”子菜单，在弹出的如图 1.9 所示的对话框中，选择“设置”下拉列表框中的 Win32 Debug 选项。确定工程类型为 Win32 Debug 以后，选择 VC 菜单“编译”下的子菜单“开始调试”，再选择二级子菜单“去”；或者直接按 F5 键，就可以启动 Debugger 了。

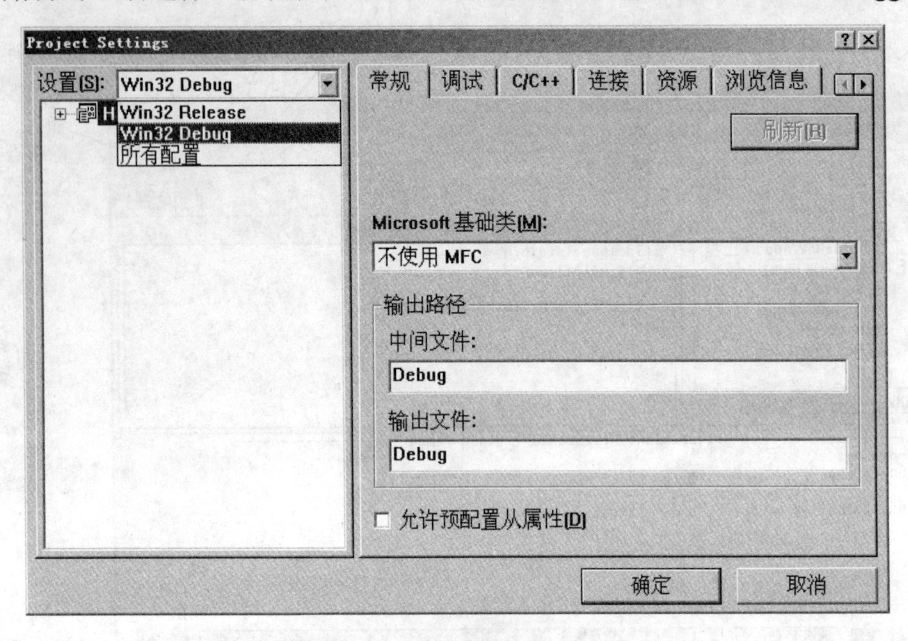

图 1.9　Project Settings 对话框

2．几种常用的 Debug 操作

表 1.1 给出了几种最常用的 Debug 操作。

表 1.1　几种常用的 Debug 操作

Debug 操作	说明	快捷键
GO	启动 Debugger，并执行程序，直到遇到一个断点或程序结束，或直到应用程序暂停等待用户输入	F5
Step Into	启动 Debugger，并逐行单步执行源文件，当所跟踪的语句包含一个函数或一个方法调用时，Step Into 进入所调用的子程序中	F11
Step Out	结束所调用子程序中的调试，跳出该子程序，与 Step Into 对应	Shift+F11
Step Over	启动 Debugger，并逐行单步执行源文件，当所跟踪的语句包含一个函数或一个方法调用时，Step Over 不进入所调用的子程序中，而是直接跳过	F10
Run to Cursor	启动 Debugger，并执行到光标所在的行	Ctrl+F10
Insert/Remove Breakpoint	在光标处插入/删除断点	F9

为了调试方便，也可以打开“调试”工具栏。打开的方法是：在 VC 环境窗口上部的菜单空白处单击鼠标右键，弹出的菜单如图 1.10（a）所示。选择“调试”，即可出现如图 1.10（b）所示的“调试”工具栏。

“调试”工具栏所包括的其他常用功能如表 1.2 所示。

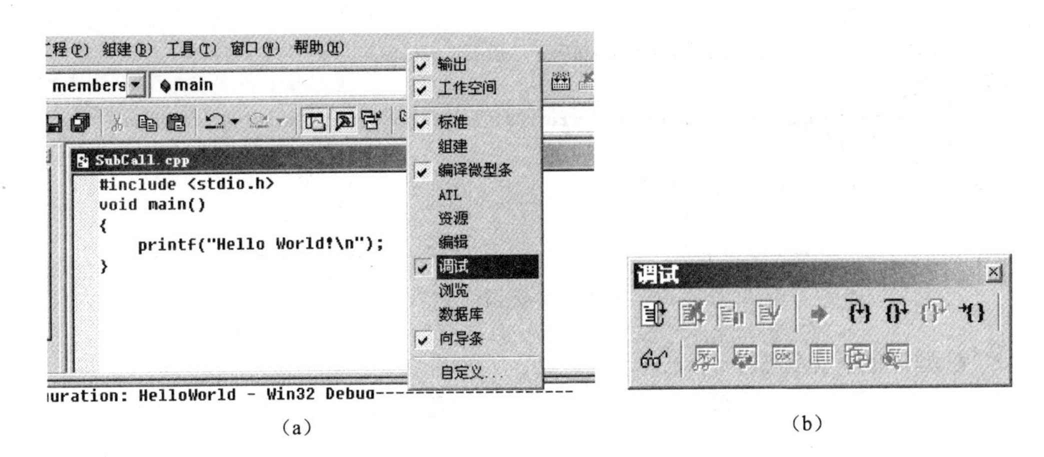

(a) (b)

图 1.10 “调试”工具栏

表 1.2 “调试”工具栏所包括的其他常用功能

Debug 操作	说明	快捷键
Restart	从开始处调试程序，而不从当前所跟踪的位置开始调试	Shift+Ctrl+F5
Stop Debugging	结束调试，直接退出 Debugger	Shift+F5
Quick Watch	显示 Quick Watch 窗口，在该窗口中可以计算表达式的值	Shift+F9
Watch	显示 Watch 窗口，该窗口包含关于当前和前面的语句中所使用的变量和返回值。当前函数的局部变量在 Local 标签中	Alt+3
Variables	显示 Variables 窗口，该窗口包含关于当前和前面的语句中所使用的变量和返回值。当前函数的局部变量在 Local 标签中	Alt+4
Registers	打开 Registers 窗口，显示微处理器的一般用途寄存器和 CPU 状态寄存器	Alt+5
Memory	打开 Memory 窗口，显示该应用程序的当前内存内容	Alt+6
Call Stack	打开 Call Stack，显示该应用程序的当前内存内容	Alt+7
Disassembly	打开一个包含汇编语言代码的窗口	Alt+8

1.3.3 C 语言调试运行中的常见错误

1. 源程序错误分类

C 编译程序将在每个阶段（预处理、语法分析、优化、代码生成）尽可能多地找出源程序中的错误。编译程序查出的错误分为三类：严重错误、一般错误和警告。

（1）严重错误（fatal error）：通常是指内部编译出错。在发生严重错误时，编译立即停止，必须采取一些适当的措施并重新编译。

（2）一般错误（error）：指程序的语法错误以及磁盘、内存或命令行错误等。在发生一般错误时，编译程序将完成现阶段的编译，然后停止。

（3）警告（warning）：指出一些值得怀疑的情况，而这些情况本身又可以合理地作为源程序的一部分。警告不阻止编译继续进行。

源程序编译后，编译程序首先输出上述三类出错信息，然后输出源文件名和出错的行号，最后输出信息的内容，如图 1.11 所示。

```
--------------------Configuration: HelloWorld - Win32 Debug--------------------
Compiling...
SubCall.cpp
F:\exercise\HelloWorld\SubCall.cpp(7) : error C2143: syntax error : missing ';' before '}'
执行 cl.exe 时出错.

SubCall.obj - 1 error(s), 0 warning(s)
```

图 1.11　错误信息

2．C 程序的常见错误

下面列举了一些C程序编写时最常见的错误，以便读者在编写和调试程序时作为参考。

1）常见的语法错误

（1）语句末尾忘记加分号。

C 语言规定，语句是以分号作为结束符或分隔符。

例如：

```
t=a;
a=b;
```

（2）应该使用复合语句的地方遗漏了大括号。

例如：

```
sum=0;
i=1;
while(i<100)
sum+=i;
i++;
```

本程序段的本意是实现 1+2+3+…+100。但是由于应该使用复合语句的地方遗漏了大括号，程序中出现了死循环。

（3）在不需要分号的地方加了分号。

例如：

```
for(i=0;i<=100;i++);
scanf("%d"a[i]);
```

在本例中，其本意是用 scanf()语句输入 100 个数据给数组 a[i]的各个元素。由于在 for()语句的后面多加了一个分号“;”，使 for 循环体成为了一个空语句，如下所示：

```
for(i=0;i<=100;i++)
    ;
scanf("%d"a[i]);
```

显然，该程序段是无法完成预期功能的。

（4）括号不配对。

当语句或表达式中有多层小括号时，应该仔细检查，注意避免遗漏括号的情况。

例如：

```
while((ch=getcher()!='#')
    putchar(ch);
```

此外，包括配对的单引号、配对的双引号、配对的大括号，都是容易遗漏的地方，需要程序员在编写和调试程序时注意检查。

2）使用变量时的错误

（1）变量未定义。

C 语言要求在程序中所用到的每一个变量都必须先进行定义。下面程序中对变量 x 和 y 就没有进行定义。应该在程序的开头处进行定义：“int x，y”。

例如：

```
#include<stdio.h>
void main()
{
    x=5;
    y=10;
    printf("%d\n",x+y);
}
```

（2）标识符的大小写字母混用。

例如：

```
#include<stdio.h>
void main()
{
    int a,b,c;
    a=5;
    b=6;
    C=A+B;
    printf("%d\n",C);
}
```

C 语言对标识符的大小写一般是敏感的，除非将其对应的开关设置为不敏感。C 语言的编译程序把 A 和 a，B 和 b，C 和 c，分别当作不同变量。本例中，编译会提示 A、B、C 是未定义的变量。

（3）字符和字符串的使用混淆。

C 语言规定字符常量是由一对单引号引起来的单个字符，如'f '。系统为字符型的变量分配一个字节的内存空间。而字符串即使串长为 1，如"f"，它至少也需要两个字节的存储空间。

例如：

```
char sex;
sex="f";
```

这里，系统只为变量 sex 分配一个字节的内存空间，无法存放具有两字节大小的字符串，应将 sex="f"; 改为 sex='f';。

3）使用运算符时的错误

（1）把“=”与“==”混用。

例如：

```
int a=4;
if(a=5)
    printf("Hello!");
```

C 语言中的“=”是赋值运算符，“==”是关系运算符中的“等于”。在本例中，C 编译程序将（a=5）当作赋值表达式进行处理。它首先将 5 赋值给 a。然后判断 a 的值是否为 0，如果 a 的值非零，则输出“Hello!”这个字符串；否则，将执行本语句的后继语句。显然，在本例中，无论变量 a 初始值是多少，始终会输出字符串“Hello!”。

（2）使用增 1 和减 1 运算符容易出现的错误。

例如：

```
#include<stdio.h>
void main()
{
    int *ptr,a[]={1,3,5,7,9};
    ptr=a;
    printf("%d",*ptr++);
}
```

本例中，有人认为其输出是 a 数组元素 a[1]的值：3，实际输出却是 1。

根据 C 语言运算符的优先级可见，表达式*ptr++与表达式*(ptr++)是等价的。但由于表达式中的++运算后置，所以是先执行*运算，再令指针 ptr 的值增 1。因此，首先输出*ptr 的值，即 a[0]的值，然后再令指针 ptr 增 1，使其指向 a[1]。

如果将表达式改为：*（++ptr）；则先令指针 ptr 指向元素 a[1]，然后输出其值，此时输出就是 3 了。

（3）a>>2 操作并不能改变 a 的值。

例如：

```
#include<stdio.h>
void main()
{
    unsigned char a;
    a=0x10;
    while(a)
    printf("%0x 右移两位的值是%0x\n",a,a>>2);
}
```

上面的程序是一个死循环。其原因是循环体内 a 的值并未发生变化。请注意；像 a>>2

这样操作并不会使操作数 a 的值发生变化。只有在进行 a=a>>2 操作时，变量 a 的值才能发生变化。

4）使用 I / O 函数时的错误

（1）输入输出数据的类型与格式符不一致。

例如：

```
#include<stdio.h>
void main()
{
    int a;
    float b;
    a=3;
    b=4.5;
    printf("%f %d\n",a,b);
}
```

上述程序在编译时并不给出错误信息，但要注意，printf 函数中使用的两个格式符%f 和%d，与其输出项 a、b 的数据类型并不匹配，因此，该程序的运行结果是不正确的。

（2）忘记使用地址运算符。

例如：

```
scanf("%d",x);
```

这是许多 C 语言初学者容易犯的错误。该语句在编译时不会产生错误信息，然而在运行时，当输入一个整数后，会产生"运行时"错误。注意，C 语言要求在 scanf 函数中，对被输入的变量使用地址符。其方法是将上述语句改为：

```
scanf("%d",&x);
```

（3）输入数据与要求不符。

使用 scanf()函数时，应该特别注意输入数据与要求的格式应完全一致。

例如：

```
scanf("%d，%d",&x,&y);
```

如果输入数据为：　　6　7<CR>，这是错误的

正确的输入为：　　6，7<CR>

5）使用函数时的错误

（1）未对被调用的函数进行声明。

例如：

```
#include<stdio.h>
void main()
{
    float x,y,z;
    x=3.5;
```

```
    y=-7.5;
    z=max(z,y);
    printf("较大的数是 %f\n",z);
}
float max(float x, float y)
{
    return(x>y ? x:y);
}
```

这个程序在编译时会给出出错信息。其原因是：max()函数是自定义函数，并且是在main()函数之后定义的，而在调用 max 函数时并未对其进行说明，所以出现错误。其改正的方法有以下两种。

① 在函数调用之前用“float max(float x, float y);”进行说明，其位置最好是在主函数的变量定义和说明部分进行。

② 将 max()函数的定义移动到 main()函数的前面。

（2）认为函数的形式参数可以影响函数的实在参数。

例如：

```
#include <stdio.h>
swap(int x,int y)
{
    int t;
    t=x; x=y; y=t;
}
void main()
{
    int x,y;
    x=5;
    y=9;
    swap(x,y);
    printf("%d,%d\n",x,y);
}
```

该程序本意是想通过调用 swap()函数来交换 main()函数中变量 x 和 y 的值；但结果是未能达到预期的效果，其原因是：这种传值方法的函数调用，实在参数和形式参数是分别不同的独立单元，每一组单元的操作并不能影响另一组单元。要想达到上述目的，只有采用传址方式，即：

```
#include <stdio.h>
swap(int *x,int *y)
{
    int t;
    t=*x; *x=*y; *y=t;
}
void main()
```

```
{
    int x,y;
    x=5;
    y=9;
    swap(&x,&y);
    printf("%d,%d\n",x,y);
}
```

（3）实在参数和形式参数类型不一致。

例如：

```
#include <stdio.h>
int fun(float x,float y)
{…}
void main()
{
    int a=4, b=9, c; c=fun(a,b); …
}
```

上面程序的实在参数 a 和 b 是整型变量，而形式参数 x 和 y 却是浮点型变量。C 语言要求实在参数和形式参数的数据类型必须一致。

（4）函数返回值的类型与预期的不一致。

例如：

```
#include<stdio.h>
float addup(float x,float y)
{
    return(x+y);
}
void main()
{
    int x,y;
    scanf("%d%d",&x,&y);
    printf("%d\n",addup(x,y));
}
```

本例中的主函数期望从函数 addup()得到一个整型返回值，而函数 addup()返回的却是一个浮点数。

6）使用数组容易出现的错误

（1）引用数组元素下标越界。

例如：

```
#include<stdio.h>
void main()
{
    int a[10]={10,9,8,7,6,5,4,3,2,1};
```

```
    int i;
    for (i=0;i<=10;i++)
    printf("%d",a[i]);
}
```


上面程序的错误在于：C 语言数组的下标是从零开始的。本例程序中数组 a 的下标应为 0～9；但在程序中却引用了 a[0]～a[10]共 11 个元素。

（2）数组名只代表数组的首地址。

例如：

```
#include<stdio.h>
void main()
{
    int a[]={5,4,3,2,1};
    printf("%d%d%d%d\n",a);
}
```

注意，在程序中，数组名是一个地址常量，它仅代表被分配的数组空间的首地址，不能代表数组的全体元素。因此，本例中的输出语句不可能输出数组元素的值。

（3）向数组名赋值。

例如：

```
#include<stdio.h>
void main()
{
    char str[20];
    str="Turbo C";
    printf("%s\n",str);
}
```

本例中，数组名 str 是地址常量，不能通过赋值运算符=给数组名 str 赋值。可以在定义数组的同时对其初始化，如下写法是正确的。请读者注意比较其差别。

```
#include<stdio.h>
void main()
{
    char str[20]={ "Turbo C"};
    printf("%s\n",str);
}
```

7）使用指针容易出现的错误

（1）不同类型的指针混用。

例如：

```
#include<stdio.h>
void main()
```

```
{
    int a=3;float *ptr;
    ptr=&a;
    printf("%d \n", *ptr);
}
```

本例的错误在于：ptr 是指向浮点型的指针，本例中却令它指向了一个整型变量 a。另外，由于*ptr 是一个 float 型数，因此在 printf 函数中也错误地使用了格式符。

（2）混淆了数组名和指针的区别。

例如：

```
#include<stdio.h>
void main()
{
    int a[10],i;
    for (i=0;i<10;i++)
    scanf("%d",a++);
}
```

上面的例子是把数组名当成指针来使用了。注意，由于数组名是地址常量，不能对它做增 1 运算。

（3）使用未初始化的指针变量。

例如：

```
#include<stdio.h>
void main()
{
    char *ptr;
    scanf("%s",ptr);
    printf("%s",ptr);
}
```

本例中，变量 ptr 被定义为一个指向字符的指针，但定义了 ptr 后，却并没有给它赋值。也就是说，指针变量 ptr 并未指向确定的地址空间，是一个指向不确定的指针，也称为悬空指针。使用悬空指针是非常危险的，任何指针变量在使用前，都应该对其赋予初始值。

1.4　主要实验内容

实验说明：

（1）本实验的内容包括 C 语言的基础语法基本知识练习、常用的简单算法练习以及综合性的练习。学生应严格按教师的安排要求进行实验，仔细分析上机程序的特点和程序运行结果，从中熟练掌握 Visual C++ 6.0 集成编译环境的操作方法，通过实验加深对 VC 操作过程以及 C 语言程序设计过程的理解。

（2）实验内容分为基本内容与选择内容。读者应首先完成基本内容，在此基础上，结合自身情况完成部分或全部的选择内容。

实验 1　程序的运行环境操作和简单程序运行

1．实验目的要求

（1）通过运行简单的 C 程序，初步了解 C 程序的特点和 Visual C++ 6.0 集成环境下编辑、编译、调试和运行 C 程序的方法。

（2）掌握 C 程序的风格和 C 程序的特点。

2．实验内容

【基本内容】

【题目 1】输入并运行一个简单的程序。

```
#include<stdio.h>    /*包含标准输入输出头文件*/
void main()
{
    printf("I am a student.\n");     /*输出结果，\n 表示回车换行*/
}
```

实验步骤：

（1）启动 Microsoft Visual C++ 6.0。

（2）单击“文件”菜单中的“新建”菜单项，出现“新建”对话框，选择“文件”选项卡，如图 1.12 所示。

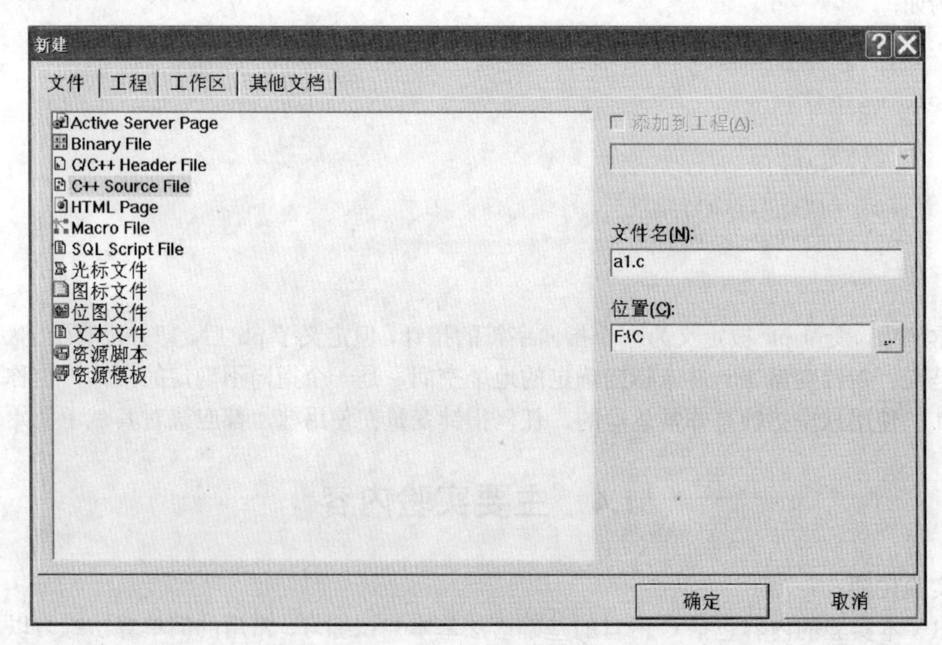

图 1.12 “新建”对话框

（3）在左侧单击 C++ Source File，右侧“文件名”文本框中输入 C 程序文件名“a1.c”；“位置”文本框中输入或选择 C 程序文件所在文件夹；单击“确定”按钮或按 Enter 键。屏幕显示如图 1.13 所示的编辑窗口。

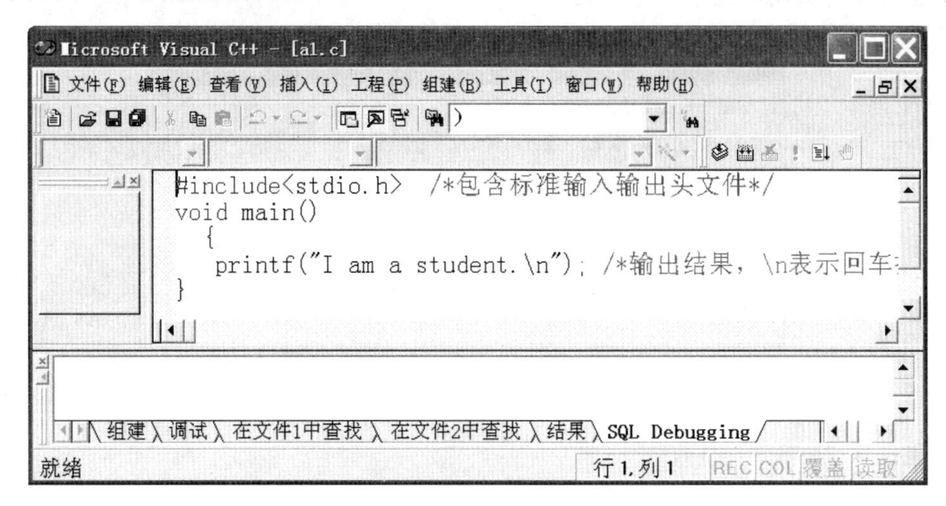

图 1.13 编辑程序窗口

（4）在编辑窗口中输入程序。如果已经输入过程序，可选择“文件”菜单中的“打开”菜单项，打开所需程序文件。

（5）输入结束后可保存程序。

（6）选择“组建”菜单中的“编译”菜单项，编译程序并将生成一个工作区，如图 1.14 所示。

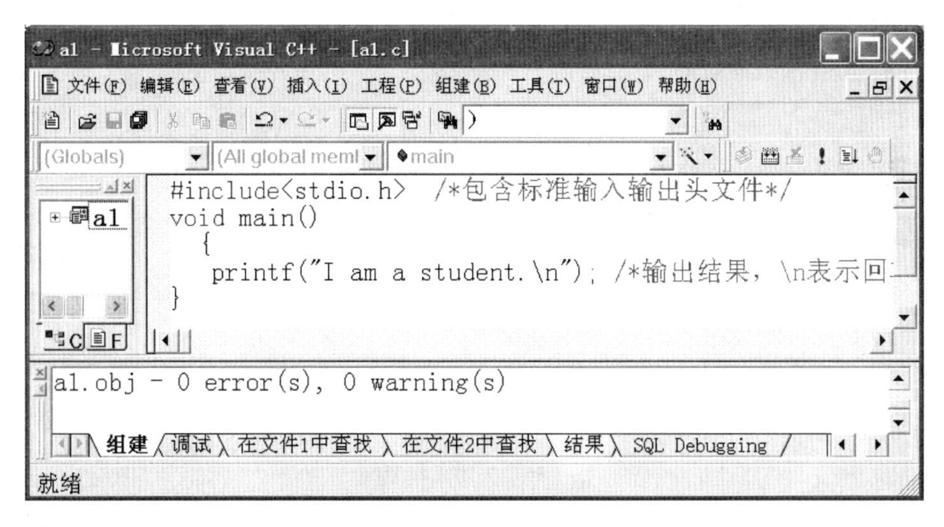

图 1.14 编译源程序

（7）屏幕下方显示编译信息。如编译正确，最后一行将显示 a1.obj - 0 error(s), 0 warning(s)，如有错误则显示 a1.obj - n error(s), 0 warning(s)（n 为错误的个数）。向上滚动信息窗口，可以查看错误原因，双击错误提示行，光标可定位到出错处。修改错误，重新编译程序，直到编译正确为止。

（8）选择“组建”菜单中的“运行”菜单项，显示程序输出窗口，如图 1.15 所示。按任意键输出窗口关闭，程序运行结束。

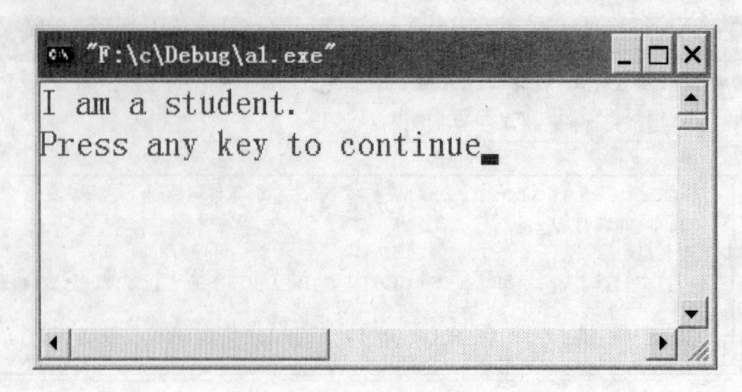

图 1.15　执行程序

注意：

（1）如果要重新编辑和运行新的程序，必须单击“文件”菜单中“关闭工作空间”，关闭当前工作空间，如图 1.16 所示。

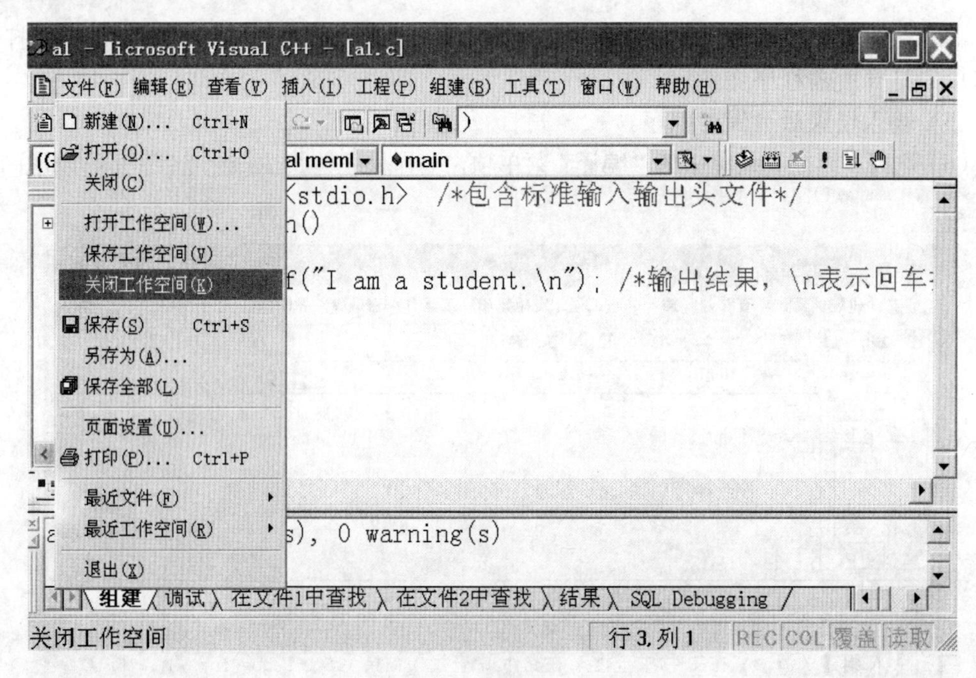

图 1.16　关闭工作空间

（2）“/*”和“*/”之间的文字是注释，编辑程序时不需输入。

【题目 2】输入并运行一个需要在运行时输入数据的程序。

```
#include<stdio.h>
#define PI 3.1416            /*宏定义*/
void main()
{
    float r, s;              /*定义实型变量*/
```

```
    printf("请输入圆的半径: ");              /*屏幕显示提示信息*/
    scanf("%f",&r);                         /*输入圆的半径*/
    s=PI*r*r;                               /*计算圆的面积*/
    printf("圆面积是: %f\n", s);            /*输出面积，\n 回车换行*/
}
```

（1）编译并运行程序，输入2↙（↙表示回车键），查看运行结果。

（2）将程序中的“float r , s;”改为“float　r ; s;”。

再进行编译，观察编译结果。

【题目3】输入并运行一个有自定义函数的程序。

```
#include<stdio.h>
int max(int x, int y)                       /*子函数的定义*/
{
    int z;
    if(x>y)
        z=x;
    else
        z=y;
    return(z);
 }
void main()
{
    int a,b,c;
    int max(int x,int y);                   /* 子函数的声明 */
    scanf("%d,%d",&a,&b);                   /* 输入两个整数 */
/* 运行时，输入第一个数后输入逗号，再输入第二个数后回车 */
    c=max(a,b);                             /*子函数的调用*/
    printf("max=%d\n",c);
}
```

编译并运行程序，输入3和8，查看程序运行结果。

【题目4】编写程序：任意输入两个整数，求这两个数的和。

提示：可参照题目2和题目3的程序进行编写。

【选择内容】

【题目5】编写一个C语言程序：显示出你所学专业、学号、姓名、性别、年龄等信息。

实验2　基本数据类型及运算

1．实验目的要求

（1）掌握C语言的基本数据类型，以及基本类型变量的定义和赋值方法。

（2）学会使用C语言的有关算术运算符和赋值运算符，以及包含这些运算符的表达式，特别是自加（++）和自减（– –）运算符的使用，熟悉各种运算符的优先级与结合性。

（3）掌握各种基本类型数据的混合运算的运算规则。

（4）初步认识学习简单的 C 语言输入输出函数的使用方法。

（5）进一步掌握 C 程序的编辑、编译、链接和运行过程。

2．实验内容

【基本内容】

【题目 1】字符变量与整型变量的使用。

```
#include<stdio.h>
void main()
{
    char c1, c2;
    c1=97;
    c2='b';  /* 注意字符值与变量名的区别 */
    printf("输出字符: c1=%c c2=%c \n",c1,c2);
    printf("输出整数: c1=%d c2=%d \n",c1,c2);
    /* %c 输出字符，%d 输出带符号十进制整数 */
    /* \n 回车换行，引号内其他字符原样输出 */
}
```

（1）分析并执行程序，观察结果。

（2）将变量定义 char c1, c2; 改为：int c1, c2; 再编译运行，观察结果。

（3）将第 6 行改为：c2=b; 分析编译结果。

【题目 2】各种基本类型数据的混合运算。比较 f1 和 f2 的值，运行程序。

```
#include<stdio.h>
#define N 3
void main()
{
    char c='B';
    unsigned int d=2;
    float f1,f2;
    f1=1/3*c*d*N;     /*f1 的值是: ____________________*/
    f2=c*d*N/3;     /*f2 的值是: ____________________*/
    /* %f 输出浮点数，\n 回车换行，引号内其他字符原样输出*/
    printf("f1=%f\n",f1);
    printf("f2=%f\n",f2);
}
```

【题目 3】++和– –运算符的使用。分析并执行程序。

```
#include<stdio.h>
void main()
{
    int i,j,m,n;
    i=5;
    j=7;
```

```
    m=9;
    m=++i;
    n=j--;
    /* %d输出带符号十进制整数，\n回车换行，引号内其他字符原样输出 */
    printf("i=%d, j=%d\nm=%d, n=%d\n \n",i,j,m,n);
}
```

【题目 4】赋值运算符、逗号运算符和算术运算符的混合使用。分析并执行程序。

```
#include <stdio.h>
void main()
{
    int a=4,b=3,c;
    c=( a+=a*=a, b*=1+2,a%=7);
    /* %d输出带符号十进制整数，\n回车换行，引号内其他字符原样输出  */
    printf("a=%d,b=%d,c=%d\n",a,b,c);
}
```

【题目 5】分析以下程序，写出运行结果。

```
#include<stdio.h>
void main()
{
    char c1='A',c2='b',c3='c';
    char c4='\107',c5='\x46';  /*用八进制和十六进制数表示的转义字符*/
    printf("c1+32=%c c2=%c\t c3=%c\t abc\n",c1+32,c2,c3);
    printf("\t\b%c %c\n\n",c4,c5);
}
```

（1）如将 c4='\107'改为：c4='\108'，观察程序运行结果。

（2）如将 c4='\107'改为：c4='107'，观察程序运行结果。

【选择内容】

【题目 6】将十进制非负数转换成八进制和十六进制数输出。分析程序。

```
#include<stdio.h>
void main()
{
    unsigned num;
    printf("请输入一个十进制非负数: ");
    scanf("%u",&num);
    printf("十进制非负数: %u\n",num);
    printf("对应八进制数: %o\n",num);
    printf("对应十六进制数: %X\n",num);
}
```

【题目 7】编写程序：任意输入三个实数 a，b，c，输出算式：a+b/c 的计算结果。

实验3 顺序结构程序设计

1．实验目的要求

（1）熟悉顺序结构的程序设计方法。

（2）熟练使用C语言的各种表达式。

（3）熟练掌握输入、输出函数的使用方法。

2．实验内容

【基本内容】

【题目1】程序改错：输入长方形边长，求面积。修改并调试运行程序。

```
#include<stdio.h>
void main()
{
    float  a,b;
    printf("请输入长和宽 a b: ");
    scanf("%f %f", a, b);
    printf("面积=%f\n", a*b);
}
```

【题目2】putchar()函数、getchar()函数的格式和使用方法。分析并编译运行程序。

```
#include<stdio.h>
void main()
{
    char ch1='\102', ch2='\x44', ch3='a',ch4='\n',ch5;
    ch5=getchar();
    putchar(ch1); putchar('\n');
    putchar(ch2); putchar('\n');
    putchar(ch3); putchar(ch4);
    putchar(ch5);putchar('\n');
    putchar('A'); putchar('\n');
}
```

【题目3】输入两个整数a，b，交换它们的值后输出。将程序补充完整。

```
#include<stdio.h>
void main()
{
    int  a,b,x;
    scanf("a=%d,b=%d",&a,&b);
    x=a;____________________
    printf("a=%d  b=%d \n",a,b);
}
```

【题目4】以下程序的功能是输入一个华氏温度，求出摄氏温度。程序是否正确？请上机调试运行程序。

```
#include <stdio.h>
void main()
{
    float c,f;
    printf("请输入一个华氏温度: ");
    scanf("%f",&f);
    c=5/9*(f-32);
    printf("华氏温度 F=%.2f\n",f);
    printf("摄氏温度 c=%.2f\n",c);
}
```

【题目 5】编写程序：输入两个自然数，求商（整数）和余数。

【选择内容】

【题目 6】输入并编辑以下程序。

```
#include<stdio.h>
void main()
{
    int  a,b;
    float  c,d;
    long  e,f;
    unsigned u,v;
    char c1,c2;
    scanf("%d,%d", &a, &b);
    scanf("%f,%f",&c,&d);          /* 注意输入数据时的间隔符号 */
    scanf("%ld,%ld",&e, &f);
    scanf("%o,%X", &u, &v);        /* 注意八进制和十六进制数表示方法*/
    scanf("  %c,%c", &c1, &c2); /*注意第一个%c 前的空格的作用*/
    printf("\noutput----------\n");
    printf("a=%8d,b=%d\n", a, b);
    printf("c=%10.2f,d=%f\n",c,d);
    printf("e=%15ld, f=%ld\n", e, f);
    printf("u=%o, v=%d\n",u,v);       /* 注意八进制和十六进制数表示方法*/
    printf("c1=%c, c2=%d\n",c1,c2);
    printf("a=%+7d, b=%-7d\n",a,b); /*注意%+7d 与%-7d 的作用 */
}
```

（1）输入 a，b，c，d，e，f，u，v 的值均为 45，c1,c2 的值为'1'，分析程序并预计结果。

（2）输入 a，b，c，d，e，f，u，v 的值均为 18，分析程序结果。

（3）程序行：

```
scanf("  %c,%c", &c1, &c2);          /*注意第一个%c 前的空格的作用*/
```

去掉第一个%c 前的空格，再按第（1）题要求输入数据，运行程序。

【题目 7】编写程序：测试当前系统中各种基本数据类型所占字节数。

实验 4　分支结构程序设计

1．实验目的要求

（1）了解 C 语言表示逻辑量的方法（以 0 代表"假"，以 1 代表"真"）。

（2）学会正确使用逻辑运算符和逻辑表达式。

（3）掌握 if 语句和 switch 语句的用法，并能编制相应的分支程序。

2．实验内容

【基本内容】

【题目 1】常用运算符的组合使用。分析程序，并运行验证分析的结果。

```
#include<stdio.h>
void main()
{
    int x,y,z;
    x=(5+34)%7>=11%3+6%5;
    y=x/4;
    printf("x=%d\n, y=%d\n",x,y);
    z=x?(y=x):(y=++x);                    /* 条件运算符的使用 */
    printf("x=%d, y=%d, z=%d\n",x,y,z);
    printf("%d\n",++x&&++y||z++);         /* 运算符的组合使用 */
    printf("x=%d, y=%d, z=%d\n",x,y,z);
}
```

【题目 2】输入两个数，输出较大的数。将程序补充完整，并编译运行。

```
#include<stdio.h>
void main()
{
    int  a,b ;
    scanf("%d%d",&a,&b) ;
    printf("%d\n",______________________) ;
}
```

【题目 3】掌握 if…else 配对方式，体会 if…else if 嵌套格式的优越性。

```
#include<stdio.h>
void main()
{
    int x,y;
    scanf("%d",&x);
    if(x>0)
    if(x<100)
    if(x<10)
    {
        y=x;
```

```
        printf("\nx=%d,y=x=%d\n",x,y);
    }
    else
    {
        y=x+5;
        printf("x=%d,y=x+5=%d\n",x,y);
    }
    else
    {
        y=-x;
        printf("x=%d,y=-x=%d\n",x,y);
    }
}
```

运行程序 4 次，分别输入–5，5，15，200，分析程序结果。

【题目 4】 如下函数：

$$y=\begin{cases}|x| & （x<5） \\ x^3 & （5\leqslant x<10） \\ \sqrt{x} & （x\geqslant 10）\end{cases}$$

从键盘上输入 x 的值，求 y 值。

```
#include<stdio.h>
#include <math.h>
void main()
{
    float x,y;
    printf("input x:");
    scanf("%f",&x);
    if (x<5)
    {
        y=fabs(x);                  /* 注意 fabs()函数的使用方法*/
        printf("x=%.2f, y=fabs(x)=%.2f\n",x,y);
    }
    else if (5<=x<10)               /* error */
    {
        y=pow(x,3);                 /* 注意 pow()函数的使用方法*/
        printf("x=%.2f, y=pow(x,3)=%.2f\n",x,y);
    }
    else
    {
        y=sqrt(x);                  /* 注意 sqrt()函数的使用方法*/
        printf("x=%.2f, y=sqrt(x)=%.2f\n",x,y);
    }
}
```

（1）执行程序三次，分别输入–2、5、100，分析程序结果。

（2）error 行应改为：________________________， 改正后重新运行程序。

【题目 5】百分制成绩转换为 5 级记分制。

```
#include<stdio.h>
void main()
{
    float  score;  int grade;
    printf("Input a score(0~100): ");
    scanf("%f", &score);
    if(score<0||score>100)
        printf("Out of range!\n");  /*成绩超出范围时，提示出错*/
    else
    {
        grade =(int)score/10;         /*将成绩整除以 10，转换成 0~10 间的整数*/
        switch (grade)
        {
            case  10:
            case  9: printf("grade=A\n");
            case  8: printf("grade=B\n");
            case  7: printf("grade=C\n");
            case  6: printf("grade=D\n");
            default:  printf("grade=E\n");
        }
    }
}
```

（1）运行程序 5 次，分别输入–15、42、75、96、102，分析运行结果。

（2）改正错误后，重新运行程序，查看结果是否达到预期。

【题目 6】编写程序：任意输入一个整数，判断它是奇数还是偶数。

【题目 7】编写程序：任意输入两个整数，求商（整数）和余数。如果除数为 0，给出错误提示。

【选择内容】

【题目 8】输入三个整数表示三条边的长度，判断它们能否组成三角形。如果能，组成的是直角三角形、等边三角形还是等腰三角形？

【题目 9】从键盘输入三个整数 x，y，z，请把这三个数由小到大输出。

【题目 10】从键盘输入一个不多于 5 位的正整数 x，要求输出：

（1）它是几位数。

（2）逆序打印出各位数字，例如：原数为 789，应输出 987。

【题目 11】求解一元二次方程的根。方程的三个实系数由键盘输入。

实验 5　循环结构程序设计

1. 实验目的要求

（1）了解 C 语言循环结构的使用范围。

（2）学会正确使用逻辑运算符和逻辑表达式。

（3）熟练掌握 C 语言的三种循环结构：while 语句、do…while 语句、for 语句的特点和使用方法。

（4）能够编写一些有实际应用意义的循环结构程序。

2．实验内容

【基本内容】

【题目 1】计算 1－3＋5－7＋…－99+101 的值。（提示：注意符号的变化）

```
#include<stdio.h>
void main()
{    int  i,t=1,s=0;               /* t 标识正负符号 */
     for (i=1;i<101; i+=2)         /*error*/
     {    s+=i*t;
          t=-t;
     }
     printf("s=%d\n",s);
}
```

（1）请改错，并运行程序。

（2）分别用 do…while 语句和 while 语句改写以上程序。

【题目 2】分析程序，运行时输入：24579<CR>（注：<CR>表示回车换行）。

```
#include<stdio.h>
void main()
{    int c;
     while((c=getchar())!='\n')
     {    switch(c-'2')
          {    case 0:
               case 1: putchar(c+4);
               case 2: putchar(c+4);break;
               case 3: putchar(c+3);
               case 4: putchar(c+2);break;
               default:putchar(c);
          }
     }
     printf("\n");
}
```

【题目 3】下面程序的功能是打印 100 以内个位数为 3 且能被 3 整除的所有数，选择合适的语句填入空格中。

```
#include<stdio.h>
void main()
{
     int i,j;
```

```
    for(i=0;____________________;i++)
    {   j=i*10+3;
        if(____________________)
            continue;
        printf("%4d",j);
    }
}
```

【题目 4】编程输出：用 0~4 任意组成无重复数字的三位数并输出，每行输出 10 个数。

```
#include<stdio.h>
void main()
{
    int i,j,k,count=0;
    printf("\n");
    for(i=1;i<5;i++)/*以下为三重循环*/
        for(j=0;j<5;j++)
            for (k=0;k<5;k++)
            {
                if (____________________) /*确保 i、j、k 三位互不相同*/
                {
                    printf("%6d",i*100+j*10+k);
                        count++;
                    if(________________)
                        printf("\n");
                }
            }
        printf("\n");
}
```

【题目 5】根据公式 $e=1+\frac{1}{1!}+\frac{1}{2!}+\frac{1}{3!}+\cdots$ 求 e 的近似值，精度要求为 10^{-6}。

【题目 6】输入一行字符，将小写字母转换为大写字母显示，其他字符原样输出。

【选择内容】

【题目 7】打印出如下图案。

```
      *
    * * *
  * * * * *
* * * * * * *
  * * * * *
    * * *
      *
```

```
#include <stdio.h>
void main()
```

```
{
    int i,j;
    for(i=1;i<=4;i++)
    {
        for(j=1;j<=8-i;j++)  //理解数字 8 的作用
            printf("  ");
        for(j=1;j<=2*i-1;j++)
            printf("* ");
        printf("\n");
    }
    /* 上面的程序段输出上三角形 */
    /* 下面的程序段输出下三角形 */
    for(i=3;i>=1;i--)
    {
        for(j=1;j<=8-i;j++)
            printf("  ");
        for(j=1;j<=2*i-1;j++)
            printf("* ");
        printf("\n");
    }
}
```

（1）运行以上程序，验证实验结果。

（2）模仿以上程序，打印出如下图案。

```
    1
   2 2 2
  3 3 3 3 3
```

【题目 8】从键盘输入一串数字，要求输出：

（1）数字的个数。

（2）逆序打印出各位数字，例如，原数为 123456789，应输出 987654321。

【题目 9】一个数如果恰好等于它的因子之和，这个数就称为“完数”。例如，6=1＋2＋3，则 6 是完数。编写程序，找出 1000 以内的所有完数。

【题目 10】编写程序：输出 101~200 间所有的素数。

实验 6　数组

1．实验目的要求

（1）理解数组的特点及其与普通变量的区别及特点。

（2）掌握一维数组的定义、赋值和输入输出的方法。

（3）掌握二维数组的定义、赋值和输入输出的方法。

（4）掌握字符数组和字符串函数的使用。

（5）掌握与一维数组和字符数组有关的程序与算法。

（6）理解与二维数组有关的程序与算法。

2. 实验内容

【基本内容】

【题目 1】读程序，写结果。

```
#include<stdio.h>
void main()
{
    int i,s=0,a[10]={1,2,3,4,5,6,7,8,9,10};
    for(i=4;i<7;i++)
      s=s+a[i];
    printf("s=%d\n",s);
}
```

【题目 2】下列程序给数组 a 输入数据，以每行 4 个数据形式输出，请填空。

```
#include<stdio.h>
#define N 8
void main()
{
    int i, a [N];
    for(i=0; i<N; i++)
        scanf("%d",_____________);
    for(i=0; i<N; i++)
    {
        if(_____________)
            printf("\n");
        printf("%11d",_________);
    }
    printf("\n");
}
```

【题目 3】用简单选择法对 10 个整数排序，将程序补充完整。

```
#define N 10
#include<stdio.h>
void main()
{
    int i,j,min,temp,a[N]={1,5,4,3,7,0,9,8,2,6};
    for (i=0;i<N-1;i++)
    {
        min=i;
        for (j=i+1;______________;j++)
            if (a[min]>a[j])
                min=j;
        if(min!=i)
        {_______________________________________}
```

```
    }
    printf("\n 排序结果为: \n");
    for (i=0;i<N;i++)
        printf("%5d",a[i]);
    printf("\n");
}
```

【题目4】下面的程序用冒泡法对10个数排序（从小到大），将程序补充完整。

```
#define N 10
#include<stdio.h>
void main()
{
    int i,j,min,temp,a[N]={1,5,4,3,7,0,9,8,2,6};
    for(i=0;i<N;i++)
        for(j=0;____________;j++)
            if( ___________________ )
            {
                temp=a[j];
                a[j]=a[j+1];
                a[j+1]=temp;
            }
        printf("\n 排序结果为: \n");
        for(i=0;i<10;i++)
            printf("%4d",a[i]);
        printf("\n");
}
```

【题目5】任意输入20个数到一维数组a中，求这20个数的平均值。

【题目6】编程：任意输入10个数，判断哪些是素数，并输出这些素数。

【题目7】以下程序是求二维数组中的最小数及其下标（设最小数是唯一的），请填空完成程序，并上机验证。

```
#include<stdio.h>
void main()
{
    int i,j,row,col,min;
    int a[3][4]={{1,2,3,4},{9,8,7,6},{-1,-2,0,5}};
    min=a[0][0];
    ________________________
    for(j=0;j<4;j++)
        if(____________________)
            {
                min=a[i][j];
                row=i;
                col=j;
```

```
        }
    printf("min=%d,row=%d,col=%d\n",min,row,col);
}
```

【题目 8】以下程序是实现输出杨辉三角（最多 10 行），请将程序补充完整。

```
        1
        1  1
        1  2  1
        1  3  3  1
        1  4  6  4  1
        1  5  10  10  5  1
        …
#define N 11
#include<stdio.h>
void main()
{
    int i,j,a[N][N];
    for (i=1;i<N;i++)
    {
        a[i][1]=1;
        ____________________;
    }
    for (i=3;i<N;i++)
        for (j=2;____________________;j++)
            a[i][j]= a[i-1][j-1]+ a[i-1][j];
        for (i=1;i<N;i++)
        {
            for (j=1;j<=i;j++)
                printf("%6d", a[i][j]);
            ____________________;
        }
    printf("\n");
}
```

【题目 9】从键盘上任意输入 n 阶方阵，求它的两条对角线元素之和。

【题目 10】分析以下程序，写出运行结果，并上机验证。

```
#include<stdio.h>
void main()
{
    char c,s[]="BABCDCBA";
    int k;
    for(k=1;(c=s[k])!='\0';k++)
    {
        switch(c)
```

```
        {
            case 'A':putchar('?');continue;
            case 'B':++k;break;
            default:putchar('*');
            case 'C':putchar('&');continue;
        }
        putchar('#');
    }
    putchar('\n');
}
```

【题目 11】输入一串字符，计算其中字母的个数。

```
#include <stdio.h>
#include <string.h>
#define N 81
void  main()
{
    char ch[N];
    int i,count=0;
    puts("请输入一串字符: ");
    ______________________  /*提示: 使用字符串输入函数*/
    for(i=0;i<strlen(ch);i++)
        if(______________________________________)
            count++;
    printf("字母个数为: %d \n", count);
}
```

【题目 12】编程：输入一串字符，要求逆序输出。

【选择内容】

【题目 13】将两个字符串连接起来，不使用 strcat 字符函数。

```
#include<stdio.h>
#define  N  80
void main()
{
    char s1[2*N],s2[N];
    int i=0,j=0;
    printf("\n 请输入两个字符串，以空格或回车键作字符串结束标志: \n");
    scanf("%s",________);
    scanf("%s",________);
    while (s1[i]!='\0')
        i++;
    while (________________)
        s1[i++]=s2[j++];
    s1[i]='\0';
```

```
    printf("\n连接后的两个字符串为: \n%s\n",s1);
}
```

【题目 14】在字符串 str 中查找字符 ch 首次出现的位置，若 str 字符串中不包含字符 ch，则输出 0。

【题目 15】有 4 位学生，考 4 门功课。求出每位学生的总分和平均分，及所有学生每门功课平均分和所有功课的平均分。

【题目 16】找出一个二维数组的“鞍点”，即该位置上的元素在该行上最大，在该列上最小，如无“鞍点”，则给出提示。

实验 7　函数

1．实验目的要求

（1）理解函数定义的方法。

（2）掌握函数实参与形参的对应关系，以及函数“参数传递”的方式。

（3）掌握函数的嵌套调用和递归调用的方法。

（4）掌握全局变量和局部变量、动态变量和静态变量的概念和使用方法。

2．实验内容

【基本内容】

【题目 1】以下程序是求三个数中的最大值，请完善程序并上机验证。

```
#include<stdio.h>
void main()
{
    int a,b,c,m;
    int max(int x,int y);          /* 函数声明*/
    printf("input a,b,c=");
    scanf("%d,%d,%d",&a,&b,&c);
    ____________________
    printf("最大值是: %d\n",m);
}
int max(int x,int y)               /*函数定义*/
{
    int z;
    z=(x>y)?x:y;
    return z;
}
```

【题目 2】程序填空：子函数中判断一个大于 1 的整数是否是素数，数据由主函数中输入，并在主函数中显示结果。

```
#include<stdio.h>
void main()
{
    int number;
```

```
    printf("请输入一个正整数: \n");
    scanf("%d",&number);
    if ( ______________________________ )
        printf("\n %d是素数! ",number);
    else
        printf("\n %d不是素数! ",number);
}
int prime(int number)  /*请注意区别main函数和prime函数中的number变量*/
{
    int flag=1,n;
    for (n=2; flag==1 && n<=number/2;n++)
    if ( ______________________________ )
        flag=0;
    return (flag);
}
```

【题目 3】读程序，验证结果。

```
#include <stdio.h>
void main()
{
    int i=2,p;
    p=f(i,i+=1);
    printf("%d\n",p);
}
int f(int a, int b)
{
    int c;
    if(a>b)
        c=1;
    else if(a==b)
        c=0;
    else
        c=-1;
    return(c);
}
```

（1）将程序中第 4 行语句：p=f(i,i+=1); 改为以下语句，比较程序结果：

```
p=f(i+=1,i);
```

（2）实践说明，函数的参数求值顺序是：__________________________。

【题目 4】编程在主函数中输入和输出字符串，在子函数中实现一个字符串按反序存放。

【题目 5】用子函数计算 4 名学生的平均分。标注“error”处有错误，请改正。

```
#include<stdio.h>
#define N 4
```

```
float average(float array[])   /* 注意数据类型的一致 */
{
    int i; float aver,sum=0;
    for (i=0;i<N;i++)
        sum+=array[i];
    aver=sum/N;
    return (aver);
}
void main()
{
    float score[N],aver;
    int i;
    printf("\n input %d scores:\n",N);
    for (i=0;i<N;i++)
        scanf("%f",&score[i]);
    aver=average(score[N]);  /* error */
    printf("\n average score is %5.2f\n",aver);
}
```

【题目 6】改正标注“error”语句行的错误，理解本程序的功能。

```
#include<stdio.h>
void main()
{
    int a[][3]={0,2,4,6,8,10,12,14,16},sum;
    int func();                /*函数声明*/
    sum=func(a[][3]);          /*error*/
    printf("\n sum=%d\n",sum);
}
int func(int a[][ ])           /*error*/
{
    int i,j,sum=0;
    for(i=0;i<3;i++)
    for(j=0;j<3;j++)
        if(i==j)
            sum+=a[i][j];
    return sum;
}
```

【题目 7】在主函数中定义数组 A[3][4]、B[3]，用子函数对数组 A 每一行求和，其值放在数组 B 中，在主函数中输出数组 B 的值。

【题目 8】输入两个正整数，求其中最大公约数和最小公倍数。将程序补充完整。

```
#include<stdio.h>
int fun1(x,y)
{
```

```
    int temp;
    if (x<y)
    {
        temp=x;
        x=y;
        y=temp;
    }
    while (y!=0)
    {
        temp=x%y;
        x=y;
        y=temp;
    }
    return x;
}
int fun2(x,y)
{
    return x*y/fun1(x,y);
} /*函数的嵌套调用*/
void main()
{
    int a,b;
    printf("请输入两个正整数: \n");
    scanf("%d,%d",&a,&b);
    printf("它们的最大公约数为: %d\n",________________);
    printf("它们的最小公倍数为: %d\n",________________);
}
```

【题目 9】阅读以下程序，若输入为“ABCDE#”时，写出程序的执行结果。

```
#include  "stdio.h"
void reverse( )
{
    char  ch;
    ch=getchar( );
    if ( ch=='#')
        printf ( "%c",ch);
    else
    {
        reverse( );
        printf ("%c",ch);
    }
}
void main( )
{
    reverse( );
```

```
    printf("\n");
}
```


【题目 10】编程计算猴子吃桃问题。猴子第一天摘下若干个桃子，当即吃了一半，还不过瘾又多吃了一个。第二天早上又将剩下的桃子吃掉一半，又多吃了一个。以后每天早上都吃了前一天剩下的一半零一个。到第 10 天早上想再吃时，只剩下一个桃子了，求第一天共摘了多少桃子。

【题目 11】阅读以下程序，该程序中，main 函数的局部变量是：__________，max 函数的局部变量是__________，全局变量是__________，理解它们的使用方式。

```
#include<stdio.h>
int a=4,b=6;
int max(int a,int b)
{
    int c;
    c=a>b?a:b;
    return c;
}
void main()
{
    int a=9;
    printf("%d\n",max(a,b));
}
```

【题目 12】以下是一个求 1～10 累加和的错误程序，请改正。

```
#include<stdio.h>
void main()
{
    int i,s;
    for(i=1;i<=10;i++)
        s=sum(i);
    printf("s=%d\t",s);
}
sum(int j)
{
    int x=0;      /* error */
    x+=j;
    return(x);
}
```

【选择内容】

【题目 13】编写一个函数，判断一个整数是不是回文数。例如，34543 是回文数，个位与万位相同，十位与千位相同。

【题目 14】在一个数组 A 中存放 100 个数据，用子函数判断该数组中哪些是素数，并统计素数的个数，在主函数中输出素数的个数。

【题目15】用递归法将一个整数 n 转换成字符串。例如，输入整数 1234，应输出字符串“1234”。n 的位数不确定，可以是任意的整数。请在注释行中添加注释，使程序易于理解。

```
#include <stdio.h>
void convert(int n)
{
    int i;
    if ((i=n/10)!=0)  /*__________________________________*/
    convert(i);
    putchar(n%10+'0');  /*__________________________________*/
}
void main()
{
    int number;
    printf("\n 输入整数: ");
    scanf("%d",&number);
    printf("\n 输出字符是: ");
    if (number<0)      /*__________________________________*/
    {
        putchar('-');
        number=-number;
    }
    convert(number);
    printf("\n");
}
```

实验 8　常用指针

1. 实验目的要求

（1）掌握指针的概念，指针变量的定义和使用。

（2）熟练使用指针访问各种简单数据类型。

（3）熟练掌握 C 语言指针的常见运算。

（4）熟练使用指针访问一维数组。

（5）理解和掌握指针作为函数参数的实质，学会使用指针作为函数参数。

2. 实验内容

【基本内容】

【题目 1】请改正程序中错误的地方，预测程序的运行结果，并上机调试验证。

```
#include<stdio.h>
void main()
{
    int x=1,y=2, *p, *q;
```

```
    p=x;          /* error*/
    q=y;          /* error*/
    printf("x=%d,y=%d\n",x,y);
    printf("&x=%d,&y=%d\n",&x,&y);
    printf("p=%d,q=%d\n",p,q);
    printf("p=%d,q=%d\n",*p,*q);
}
```

【题目 2】请预测程序的结果，并上机运行程序，验证结果。

```
#include<stdio.h>
void main()
{
    int a[]={1,3,5,7,9,11,13};
    int *p=a;
    printf("1--%d\n",*p);
    printf("2--%d\n",*(++p));
    printf("3--%d\n ",*++p);
    printf("4--%d\n ",*(p--));
    printf("5--%d\n ",*p--);
    printf("6--%d\n",*p++);
    printf("7--%d\n",++(*p));
    printf("8--%d\n",(*p)++);
    p=&a[2];
    printf("9--%d\n ",*p);
    printf("10--%d\n",*(++p));
    p++;
    printf("11--%d\n ",*p);
}
```

【题目 3】请预测程序的结果，并上机运行程序，验证结果。

```
#include<stdio.h>
void main()
{
    int a[6]={1,2,3,4,5,6};
    int *p,i,s=1;
    p=a;
    for(i=0;i<6;i++)
        s*=*(p+i);
    printf("%d\n",s);
}
```

【题目 4】请预测程序的结果，并上机运行程序，验证结果。

```
#include<stdio.h>
void main()
```

```
{
    char a[]="abcdef";
    char *b="ABCDEF";
    int i;
    for(i=0;i<3;i++)
        printf("%c,%s\n",*a,b+i);
    printf("------------------------------\n");
    for(i=3;a[i];i++)
    {
        putchar(*(b+i));
        printf("%c\n",*(a+i));
    }
}
```

【题目 5】程序功能：输入一行字符（不超过 100 个），统计其中大写字母的个数。要求：阅读以下程序，将空格处补充完整，并上机调试运行。

```
#include<stdio.h>
void main()
{
    int cle=0;
    char *p,s[101];
    printf("请输入一行字符: ");
    gets(s);
    p=s;
    while(____________)
    {
        if((*p>='A')&&(*p<='Z'))
            ++cle;
        ____________________;
    }
    printf("大写字母个数=%d\n",__________);
}
```

【题目 6】编写程序：输入两个整数，通过函数 swap 交换这两个整数的值。

要求：在 main 函数中输入两个整数，在 main 函数中输出交换后的结果。分析程序，将空白部分补充完整，并上机验证。

```
#include<stdio.h>
void swap(int *p1,int *p2)
{
    int i;
    i=_______; ____________; _____________;
}
void main()
{
```

```
    int n1,n2;
    printf("请输入两个整数:");
    scanf("%d%d",&n1,&n2);
    swap(________________);
    printf("%d,%d\n",n1,n2);
}
```

【题目 7】程序功能：求两个数中的最大值。
要求：阅读以下程序，将空格处补充完整，并上机调试运行。

```
#include<stdio.h>
int * max(int *x,int *y)
{
    if(*x>*y)
        return __________;
    else
        return __________;
}

void main()
{
    int a,b;
    printf("请输入两个整数 a,b: ");
    scanf("%d,%d",&a,&b);
    printf("最大值是: %d\n", ______________);
}
```

【题目 8】将数组 a 中的 10 个整数按相反顺序存放，完善程序。

```
#include <stdio.h>
#define N 10
void inv(int *x, int n)            /*理解掌握本函数的算法*/
{
    int t,i;
    for(i=0;i<=(n-1)/2;i++)
    {
        t=*(x+i);
        *(x+i)=*(x+n-1-i);
        *(x+n-1-i)=t;
    }
}
void main()
{
    int i,a[N];
    for(i=0;i<N;i++)
        scanf("%d",a+i);
```

```
    printf("原序为:\n");
    for(i=0;i<N;i++)
        printf("%6d",a[i]);
    inv(________________);
    printf("\n");
    printf("逆序为:\n");
    for(i=0;i<N;i++)
        printf("%6d",*_______________);
    printf("\n");
}
```

【选择内容】

【题目 9】编写程序：输入 10 个整数到一个一维数组中，把该数组中所有为偶数的数，放到另一个数组中并输出。

要求：分析程序，将空格的部分补充完整，并上机验证。

```
#include<stdio.h>
void main()
{
    int num[10],i,dnum[10],di;
    int *p;
    p=num;
    for(i=0;i<=9;i++)    /* 输入 10 个整数 */
    {
        scanf("%d",p+i);
    }
    di=0;    /* 偶数个数清 0 */
    for(i=0;i<=9;i++)
    {
        __________
    }
    p=dnum;
    for(i=0;i<di;i++)   /* 输出所有的偶数 */
    {
        __________
    }
}
```

【题目 10】编写程序：输入某班 35 个同学一门课程的成绩，计算并输出所有学生成绩的平均值，以及每个学生成绩与平均值之间的差值。

要求：用一维数组保存 35 个学生的成绩，用指针变量对学生成绩进行访问。

【题目 11】编写程序：输入一行字符（不超过 1024 个），统计其中大写字母、小写字母、空格、数字及其他字符分别有多少个。

要求：用字符数组存放输入的字符，用指针对字符数组进行访问。

【题目 12】编写函数 len，求一个字符串的长度。

要求：在 main 函数中输入字符串，并输出其长度。分析下面的代码，将空格的部分补充完整，并上机验证。

```
#include <stdio.h>
int len(char *str)
{
    __________
}
void main()
{
    char str[1024];
    gets(str);
    printf("%d",len(str));
}
```

【题目 13】编写函数 convert，把字符串中的小写字母转换成大写字母。

要求：在 main 函数中输入字符串，并输出转换后的字符串。分析下面的代码，将空格的部分补充完整并上机验证。

```
#include<stdio.h>
void convert(char *p)
{
    __________
}
void main()
{
    char str[100];
    gets(str);
    convert(str);
    puts(str);
}
```

实验 9　复杂指针

1．实验目的要求

（1）熟练掌握二维数组的指针的使用方法。

（2）熟练掌握用指针对字符串进行访问的方法。

（3）进一步理解指针作函数参数的实质，以及指针作函数参数的用法。

（4）了解指向指针的指针的概念及其使用方法。

2．实验内容

【基本内容】

【题目 1】请预测程序的结果，并上机运行程序，验证结果。

```c
#include<string.h>
#include<stdio.h>
#include <malloc.h>
void main()
{
    char str1[20],str2[20],str3[20];
    void swap(char *p1,char *p2);
    printf("请输入三个字符串:");
    scanf("%s",str1);
    scanf("%s",str2);
    scanf("%s",str3);
    if(strcmp(str1,str2)>0)
        swap(str1,str2);
    if(strcmp(str1,str3)>0)
        swap(str1,str3);
    if(strcmp(str2,str3)>0)
        swap(str2,str3);
    printf("三个字符串为:\n");
    printf("%s\n%s\n%s\n",str1,str2,str3);
}
void swap(char *p1,char *p2)
{
    char *p;
    p=(char *)malloc(sizeof(char)*20);  /* malloc函数: 动态分配内存 */
    strcpy(p,p1);
    strcpy(p1,p2);
    strcpy(p2,p);
    free(p);  /* free函数: 释放malloc函数申请的内存 */
}
```

(1) 本程序的功能是：________________________。

(2) 输入“mcb”,“bcd”,“Kbefr”，分析程序结果。

【题目 2】请预测程序的结果，并上机运行程序，验证结果。

```c
#define  NL  printf("\n");
#include<stdio.h>
void main()
{
    int i,j,*p,a[4][3]={{1,2,3},{4,5,6},{7,8,9},{10,11,12}};
    printf("\n%d\t%d\t%d\t%d\n",a[0],a[1],a[2],a[3]);
    for(p=a[0]+2,i=0;i<10;i++)
    {
        printf("%5d",*p++);
    }
    NL
```

```
    for (i=0;i<4;i++)
    {
        printf("%d",*(a+i));        /* 输出的是地址值 */
        for (j=0,p=*(a+i)+j;j<3;j++)
        {
            printf("%5d",*p++);
        }
        NL
    }
}
```

【题目3】请预测程序的结果，并上机运行程序，验证结果。

```
#include<stdio.h>
#define NL printf("\n");
void main()
{
    int a[4][3]={{1,2,3},{4,5,6},{7,8,9},{10,11,12}};
    int (*p1)[3],(*p2)[3];
    p1=a;
    p2=a;
    NL
    printf("1: %d,%d",*(*(p1+0)),*(*(p2+0)));
    NL
    p1++;
    p2++;
    printf("2: %d,%d",*p1[0],*p2[0]);
    NL
    printf("3: %d,%d",*(*(p1+1)+2), *(*(p2+1)+2));
    NL
}
```

【题目4】请预测程序的结果，并上机运行程序，验证结果。

```
#include<stdio.h>
void main()
{
    void tran(int n,int x[]);
    int a[4][4]={{3,8,9,10},{2,5,-3,5},{7,0,-1,4},{2,4,6,0}};
    tran(1,*(a+0));
    tran(1,a[0]);
    tran(0,a[2]);
    tran(0,&a[2][0]);
}
void tran(int n,int arr[])
{
```

```
    int i;
    for(i=0;i<4;i++)
    {
        printf("%d,",arr[n*4+i]);
    }
    printf("\n");
}
```

【题目 5】编写程序：判断某字符串中是否有字符'm'，并统计它的个数。

要求：阅读程序，将空格部分补充完整，并上机验证。

```
#include<stdio.h>
void main()
{
    char *ps,s[25];
    int n=0,i;
    ________________;
    printf("input a string:");
    gets(ps);
    for(i=0;*(ps+i)!='\0';i++)
    {
        if(_____________)
            n++;
    }
    if(__________)
        printf("There is 'm' in the string , n=%d.\n",n );
    else
        printf("There is no 'm' in the string.\n" );
}
```

【选择内容】

【题目 6】编写函数 s_copy，实现两个字符串的复制。

要求：在 main 函数中输入一个字符串，并在 main 函数中输出复制后的字符串。分析下面的代码，将省略号的部分补充完整，并上机验证。

```
#include <stdio.h>
void s_copy(char *str1,char *str2)
{
    …
}
void main()
{
    char str1[1024],str2[1024];
    gets(str1);
    s_copy(str1,str2);
```

```
    puts(str2);
}
```


【题目 7】编写程序：输入 n（n≤1000）个整数到数组中。编写 max 函数，找出数组中最大元素的值和此元素的下标（设最大值是唯一的）。

要求：在 main 函数中输入数据，并在 main 函数中输出最大值及其下标。分析以下代码，将省略号的部分补充完整，并上机验证。

提示：最大元素的值用 return 语句返回给主调函数，该元素的下标通过指针形参返回给主调函数。

```
#include <stdio.h>
int find_max(int *data,int *pos)
{
    …
}
void main()
{
    int data[1000];                /* 定义数组的长度为 1000 */
    int i,max,pos,n;
    printf("Please input the num of data:");
    scanf("%d",&n);                /* 输入实际元素的个数 n, n≤1000 */
    for(i=0;i<n;i++)
    {
        scanf("%d",&data[i]);
    }
    max=find_max(data,&pos); /* max 用于存放最大值，pos 用于存放最大值的下标 */
    printf("%d,%d",max,pos);
}
```

【题目 8】编写程序：将一个整数字符串转换为一个整数，如"-1234"转换为-1234。

要求：阅读下面的程序，将空格部分补充完整，并上机验证。

```
#include<stdio.h>
#include<string.h>
void main()
{
    char s[7];
    int n;
    int chnum(char *p);
    _______________
    if(s[0]=='-')
        n=-chnum(s+1);
    else if(*s=='+')
            n=chnum(s+1);
        else
```

```
        n=chnum(s);
    printf("%d\n",n);
}
int chnum(char *p)
{
    int num=0,k,len,j;
    len=strlen(p);
    for(; *p!='\0' ;p++)
    {
        k=_______________
        j=(--len);
        while(j>0)
        {
            k=k*10;
            j--;
        }
        _______________
    }
    return(num);
}
```

【题目 9】编写程序：设有 5 名学生，每名学生考 4 门课，通过程序检查这些学生有无考试不及格的课程。若某一学生有课程成绩不及格，就输出该学生的序号（序号从 0 开始）和其全部课程成绩。

要求：阅读程序，将空格部分补充完整，并上机验证。

```
#include<stdio.h>
void main()
{
    int score[5][4]={{62,87,67,95},{95,85,98,73},
                    {66,92,81,69},{78,56,90,99},{60,79,82,89}};
    int (*p)[4],j,k,flag;
    p=score;
    for(j=0;j<5;j++)
    {
        flag=0;
        for(k=0;k<4;k++)
        {
            if(*(*(p+j)+k)<60)
            {
                flag=1;
            }
        }
        if(__________________)
        {
```

```
                printf("No.%d is fail,scores are :\n",j);
                for (k=0;k<4;k++)
                {
                    ____________________
                }
                printf("\n");
            }
        }
}
```

【题目 10】编写程序：已知三名学生 4 门课的成绩，找出总分最高的学生，将其各门课成绩输出。

要求：在 search 函数中找出最高分的学生，在 main 函数中输出其成绩。阅读程序，将省略号的部分补充完整，并上机验证。

```
#include <stdio.h>
void main()
{
    float score[3][4]={{60,70,80,90},{56,88,87,90},{38,90,78,47}};
    float *search(float (*pointer)[4]);          /* 函数声明 */
    float *p;
    int i;
    p=search(score);                             /* 函数调用 */
    for (i=0;i<4;i++)
    {
        …
    }
    printf("\n");
}
float *search(float (*pointer)[4])               /* 函数定义 */
{
    float *pt;
    …
    return (pt);
}
```

实验 10　编译预处理

1．实验目的要求

（1）掌握宏定义的方法。

（2）掌握文件包含处理方法。

（3）了解条件编译的方法。

2．实验内容

【基本内容】

【题目 1】读程序，写结果。

```
#include<stdio.h>
```

```
#define ADD(x)  x+10
void main()
{
    int a=5;
    int sum=ADD(a)*2;
    printf("sum=%d\n",sum);
}
```

【题目2】读程序，写结果。

```
#include<stdio.h>
void main()
{
    int a=3;
    #define  a  2
    #define  f(b)  a*(b)
    int  c=3;
    printf("%d\n",f(c+1));
    #undef a
    printf("%d\n",f(c+1));
    #define a  1
    printf("%d\n",f(c+1));
}
```

【选择内容】

【题目3】求数组中的最大元素，完善并运行程序。

```
#define  N  10
#define  TEST  0
#include<stdio.h>
void main()
{
    int i,max,a[N];
    # if  TEST
        for (i=0; i<N; i++)
            a[i]=10+i;
    # else
    for (i=0; i<N;i++)
        scanf("%d",&a[i]);
    ________________
    max=a[0];
    for (i=1;i<N;i++)
        if (max_______a[i])
            max=a[i];
    printf("Max=%d\n",max);
}
```

将“#define TEST 0”行改为“#define TEST 1”。

再运行程序，观察结果。

【题目 4】读程序，写结果。

```
#include<stdio.h>
void main()
{
    int a=10,b=5,c;
    c=a/b;
    #ifdef DEBUG
        printf("a=%d,b=%d\n",a,b);
    #endif
    printf("c=%d\n",c);
}
```

（1）在主函数前插入一行如下命令，再查看程序结果。

```
#define DEBUG
```

（2）将程序中的#ifdef 替换成#ifndef，再比较程序结果。

实验 11 复杂数据类型

1．实验目的要求

（1）掌握结构体类型变量的定义和使用方法。

（2）会使用指向结构体的指针对结构体的成员进行操作。

（3）掌握联合体类型变量的定义和使用方法。

（4）理解结构体和联合体相互嵌套的使用方法。

2．实验内容

【基本内容】

【题目 1】读程序，写结果。

```
#include<stdio.h>
void main()
{
    union
    {
        int a;
        char b;
    }ab;
    ab.a=97;  ab.b='A';
    printf("ab.a=%d,ab.b=%c\n",ab.a,ab.b);
}
```

【题目 2】读程序，写结果。

```
#include<stdio.h>
void main()
{
    enum num{a, b,c=21,d,e,f};
    enum num w,x,y,z;
    w=a;
    x=b;
    y=c;
    z=e;
    printf("w=%d,x=%d,y=%d,z=%d\n",w,x,y,z);
}
```

【题目 3】编写程序：将以下数据用结构体变量存放，并将它们输出。

要求：阅读程序，将其补充完整，并上机验证。

姓名	年龄	月薪
李 明	25	2500
王 丽	22	2300
赵小勇	30	3000

```
#include<stdio.h>
void main()
{
    struct shn{ char *name; int old; int salary; };
    struct shn member1,member2,member3;
    member1.name="李 明"; member1.old=25; member1.salary=2500;
    ____________________________________________________________
    ____________________________________________________________
    printf("%10s,%2d,%4d 元\n",________________________________________);
    printf("%10s,%2d,%4d 元\n", ________________________________________);
    printf("%10s,%2d,%4d 元\n",member3.name,member3.old,member3.salary);
}
```

【题目 4】编写程序：已知三个人的姓名和年龄，编写程序，输出三个人中年龄最大者的姓名和年龄。

要求：阅读程序，将空格部分补充完整，并上机验证。

```
#include<stdio.h>
typedef struct  /*掌握 typedef 的含义*/
{
    char name[20];
    int age;
}stu;
stu person[]={"li-ming",18, "wang-hua",19, "zhang-ping",20};
void main()
```

```
{
    int i,pos;
    pos=0;
    for(i=1;i<3;i++)
    {
        if(person[i].age>____________________)
        {
            pos=i;
        }
    }
    printf("%s,%d\n",__________________, ______________________);
}
```

【选择内容】

【题目 5】编写程序：用结构体变量定义一个学生的信息，包括学号、姓名、语文成绩、数学成绩、英语成绩。在程序中输入该学生的信息，求出该学生的平均成绩，并输出该学生的全部信息（包括学号、姓名、语文成绩、数学成绩、英语成绩）和平均成绩。

要求：自己设计输出格式，令输出样式清晰、美观。

【题目 6】阅读以下程序，分析其运行结果，并上机验证。

```
#include <stdio.h>
union myun
{
    struct
    {int x,y,z;} u;
    int k;
}a;
void main()
{
    a.u.x=4;
    a.u.y=5;
    a.u.z=6;
    a.k=0;
    printf("%d\n",a.u.x);
}
```

【题目 7】分析以下程序的运行结果，并上机验证。

```
#include<stdio.h>
enum Season
{
    spring, summer=100, fall=96, winter
};
typedef enum
{
    Monday, Tuesday, Wednesday, Thursday, Friday, Saturday, Sunday
```

```
}Weekday;
void main()
{
    int x;
    Season mySeason;
    printf("%d\n",spring);
    printf("%d, %c\n",summer,summer);
    printf("%d \n", fall+winter);
    mySeason=winter;
    if(mySeason==winter)
        printf("mySeason is winter.\n");
    x=100;
    if(x==summer)
        printf("x is equal to summer.\n");
    Weekday today=Saturday;
    Weekday tomorrow;
    tomorrow=(Weekday)(today+1);
    printf("%d\n",tomorrow);
}
```

将程序中倒数第二句：tomorrow=(Weekday)(today+1); 改为：tomorrow=(today+1);。观察编译结果有什么变化？分析其原因。

【题目 8】编写程序：有 5 个学生，每个学生的数据包括学号、姓名、三门课的成绩。从键盘输入 5 个学生的数据，要求打印出每个学生三门课的平均成绩，以及最高分的学生的数据（包括学号、姓名、三门课的成绩、平均分数）。

要求：阅读程序，将空格部分补充完整，并上机验证。

```
#include<stdio.h>
struct student
{
    char num[6];
    char name[9];
    int score[4];
    float avr;
}stu[5];
void main()
{
    int i,j,max,maxi,sum;
    for (i=0;i<5;i++)        /* 输入 */
    {
        printf("\n 请输入学生%d 的成绩:\n",i+1);
        printf("学号: ");
        scanf("%s",stu[i].num);
        printf("姓名: ");
        ____________________
```

```
        for(j=0;j<3;j++)
        {
            printf("%d 成绩: ",j+1);
            ____________________________
        }
    }
    /* 计算 */
    max=0;
    maxi=0;
    for(i=0;i<5;i++)
    {
        sum=0;
        for(j=0;j<3;j++);
            sum+=____________________;
        stu[i].avr=_____________;
        if(sum>max)
        {
            max=sum;
            maxi=i;
        }
    }
    printf("  学号      姓名      平均分\n");
    for(i=0;i<5;i++)
    {
        printf("%8s %10s",stu[i].num,stu[i].name);
        printf("%10.2f\n",stu[i].avr);
    }
    printf("总分最高的学生是:%s, 其总分是: %d\n",______________________);
}
```

【题目 9】编写程序：定义结构类型，用于记录学生的学号，姓名，出生年、月、日。编写程序，从若干个学生记录中搜索指定学号的学生，并将其信息输出（假定学号是唯一的）。

要求：阅读程序，将空格部分补充完整，并上机验证。

```
#include<stdio.h>
struct stu
{
    ____________
    char name[9];
    int year,month,day;
}member[3]={"11103070201","李明",1994,12,14,
            "11103070202","王丽",1994,3,20,
            "11103070203","赵小勇",1993,6,18};
void main()
```

```
{
    int i;
    char no[12];
    printf("Please input a no:");
    gets(no);
    for(i=0;i<3;i++)
    {
        if( ____________________)
        {
            printf("%s,%s,%d-%d-%d",_____,______,_______,_______,_____);
            break;
        }
    }
}
```

【题目 10】编写程序：从无到有地创建一个单链表，该单链表的头部有一个结点，其中不存放任何数据信息，称为头结点。头结点的后面有 30 个数据结点，每个结点中存放着一个整数。

要求：分析下面的代码，将空格部分补充完整，并上机验证。

```
#include<stdio.h>
#include<stdlib.h>
struct node
{
    int data;
    struct node *next;
};
struct node * creat()
{
    int i=0;
    struct node *head,*p;
    head=(struct node *)malloc(sizeof(struct node)); /* 创建头结点 */
    head->next=NULL;
    while(i<30)  /* 创建 30 个数据结点 */
    {
        p=_____________________________; /* 创建新的数据结点 */
        scanf("%d",&p->data);
        p->next=head->next;
        ____________________;
        i++;
    }
    return _____________;
}
void main()
{
```

```
    struct node *head;
    head=creat();
}
```

【题目 11】编写程序：将题目 10 中创建的单链表中的 30 个结点信息输出。

要求：分析下面的代码，将省略号及空格的部分补充完整，并上机验证。

```
#include<stdio.h>
#include<stdlib.h>
struct node
{
    int data;
    struct node *next;
};
struct node * creat()  /* 创建一个带头结点的单链表 */
{
    …
}
void view(struct node *head)
{
    struct node *p;
    p=head->next;
    while(p)
    {
        printf("%d",p->data);
        ________________;
    }
}
void main()
{
    struct node *head;
    head=creat();
    view(head);
}
```

实验 12　文件

1. 实验目的要求

(1) 掌握文件、缓冲文件系统和文件结构体指针的概念。

(2) 掌握文件操作的具体步骤。

(3) 学会使用文件打开、关闭、读、写等文件操作函数。

(4) 学会用缓冲文件系统对文件进行简单的操作。

2. 实验内容

【基本内容】

【题目 1】编写程序：从键盘输入 10 个整数，将其全部输出到一个磁盘文件 data.dat 中保存起来。

要求：阅读程序，将空格部分补充完整，并上机验证。

```
#include<stdio.h>
#include<stdlib.h>
void main()
{
    FILE *fp;
    int num;
    int i=0;
    if((fp=___________________)==NULL)
    {
        printf("打不开文件 \n");
        exit(0);
    }
    while(i<=9)
    {
        ____________________  /* 输入一个整数到 num 中 */
        fprintf(fp,"%d",num);
        i++;
    }
    __________________
}
```

【题目 2】编写程序：从已经建立好的磁盘文件 exe.txt 中读取若干个整数，将读出的整数输出在显示器上，每行输出 10 个整数。

要求：阅读程序，将空格部分补充完整，并上机验证。

```
#include<stdio.h>
#include<stdlib.h>
void main()
{
    FILE *fp;
    int num;
    int i=0;
    if((fp=___________________)==NULL)
    {
        printf("打不开文件 \n");
        exit(0);
    }
    while(!feof(fp))
    {
        ____________________  /* 从文件中读入一个整数到 num 中 */
        printf("%d ",num);
```

```
        i++;
        if(i==5)
            putchar('\n');
    }
    ________________
}
```

【题目 3】编写程序：从键盘输入一个字符串（不超过 99 个字符），将其中的小写字母全部转换成大写字母，然后将这些大写字母输出到一个磁盘文件 test.dat 中保存起来。

要求：阅读程序，将空格部分补充完整，并上机验证。

```
#include<stdio.h>
#include<stdlib.h>
void main()
{
    FILE *fp;
    char str[100];
    int i=0;
    if((fp=__________________)==NULL)
    {
        printf("打不开文件 \n");
        exit(0);
    }
    printf("输入一个字符串: \n");
    ____________
    while(str[i]!='\0')
    {
        if(str[i]>='a'&&str[i]<='z')
        {
            ___________________
        }
        fputc(str[i],fp);
        i++;
    }
    _____________________
}
```

【选择内容】

【题目 4】用记事本创建一个文本文件 randdata.txt，其中包含 n(n≤1000)个整数，整数之间用空格分开，其形式如图 1.17 所示。编写程序，将 randdata.txt 文件中的数据读入到一个数组中，用冒泡排序法对数组进行排序，并将排序后的结果输出到 sort.txt 文件中保存起来。

图 1.17　用记事本创建的数据文件 randdata.txt

要求：分析以下代码，将省略的部分以及空格部分补充完整，并上机验证。

```
#include<stdio.h>
#include<stdlib.h>
void main()
{
    FILE *fp;
    int data[1000];
    int n=0;
    if((fp=____________________)==NULL)
    {
        printf("打不开文件 \n");
        exit(0);
    }
    while(!feof(fp))
    {
        fscanf(fp,"%d",&data[n]);
        n++;
    }
    fclose(fp);

    …  /* 对数组 data 进行冒泡排序 */

    if((fp=____________________)==NULL)
    {
        printf("打不开文件 \n");
        exit(0);
    }
    n--;
    while(n>=0)
    {
        fprintf(fp,"%d",data[n]);
        n--;
```

```
    }
    ____________
}
```


【题目 5】用记事本创建一个文本文件 data.txt，其中包含 n(n≤1000)个整数，整数之间用空格分开，其形式如图 1.17 所示。编写程序，将 data.txt 文件中的数据读入到一个数组中，对这些数据求和，并求出它们的最大值，并将数和最大值保存到文件 dsum.txt 中。

第2部分　课 程 设 计

2.1　课程设计的目的

课程设计是C程序设计基础课程的重要实践环节。它是在完成《C程序设计基础》课程之后进行的一次全面的、综合性的实践。通过课程设计，应达到下列目标。

（1）巩固和加深对C语言的基本知识的理解。

（2）熟练掌握C语言编程和程序调试的技术，并能够在实践中灵活运用。

（3）熟练掌握利用C语言进行综合性的软件设计的方法。

（4）理解软件设计中的需求分析、系统设计、系统测试等各环节的基本任务。

（5）熟练掌握软件设计说明文档的书写方法。

（6）培养解决综合性的、实际问题的能力，资料搜集和整理能力，以及口头表达能力。

2.2　课程设计的基本要求

1．课程设计的形式

C语言程序设计的课程设计实践环节一般安排一周，共16学时。通过导师制的方式进行。基本流程如下。

（1）指导教师发布课程设计题目。

（2）由学生在指导教师的指导下自主选题。

（3）学生开始独立进行系统需求分析、系统设计、系统实现和系统测试。

（4）学生独立进行文档的书写。

（5）学生提交编写好的源程序代码，以及编写好的课程设计报告。

（6）指导教师组织进行课程设计答辩。

2．主要任务

在课程设计期间，学生需要完成的任务如下。

（1）分析课程设计题目的要求。

（2）编写、调试程序，使其能正常运行。

（3）编写详细的软件设计说明书。

（4）按时提交源程序代码及课程设计报告。

课程设计报告的模板见附录A。

3．考核标准

课程设计结束后，指导教师应根据完成情况对学生进行评价。评价的等级一般分为：

优、良、中、及格、不及格 5 类。评价的参考指标包括 4 个方面，如表 2.1 所示。

表 2.1 课程设计评价指标体系

	系统	文档	答辩情况	综合能力
具体要求	1. 系统功能的完善度 2. 系统界面设计是否合理 3. 系统算法的效率 4. 代码的规范性	1. 文档内容是否具有完整性和可靠性 2. 文字表达是否流畅 3. 文档是否规范	1. 系统演示是否流畅 2. 表述是否清晰、准确 3. 准备是否充分	1. 独立分析问题的能力 2. 协作的能力 3. 搜集、整理资料的能力

以上只是课程设计评价的基本指标体系，指导教师可结合学生实际情况，适当增加评价指标，对各评价指标的具体要求以及评分比例，也可酌情自行决定，以便更加客观和全面地进行评价。

在课程设计开始前，指导教师应将详细的评价指标体系向学生发布，并进行解释，以使学生对课程设计的要求理解得更加清晰和准确，以便课程设计顺利展开。

2.3 课程设计题目

如下题目作为 C 程序设计基础的课程设计备选题目，在课程设计开始前，学生在教师的指导下，根据自身情况自主选择一或两个完成。

【题目 1】职工信息管理系统

设计并实现一个职工信息管理系统。其中，职工的信息包括：职工号（职工号不重复）、姓名、性别、出生年月日、学历、工资、家庭住址、电话。系统应包含如下基本功能。

（1）系统以菜单方式工作：要求界面清晰，友好，美观，易用。

（2）职工信息导入功能：要求可从磁盘文件导入职工信息。

（3）职工信息浏览功能：能输出所有职工的信息；要求输出格式清晰、美观。

（4）查询功能：可按职工号或学历进行查询；并将查询结果输出。

（5）排序功能：可按出生年份或其他方式排序（至少能按某一种属性进行排序），并将排序结果输出。

（6）职工信息删除：要求能够删除某一指定职工的信息，并在删除后将职工信息存盘。

（7）职工信息修改：要求能够修改某一指定职工的信息，并在修改后将职工信息存盘。

【题目 2】通讯录

设计并实现一个通讯录。通讯录中可以记录若干联系人的信息。联系人信息包括：编号、姓名、出生年月日、单位、办公电话、手机号、类型（家人、朋友、同学、同事）。系统应包括如下功能。

（1）系统以菜单方式工作：要求界面清晰，友好，美观，易用。

（2）通讯录信息导入功能：要求可从磁盘文件导入通讯录的信息。

（3）信息浏览功能：能输出所有联系人的信息；要求输出格式清晰、美观。

（4）查询功能：可按类型或姓名查找某一联系人的信息；并将查询结果输出。

（5）信息提醒：进入系统时，若是某联系人的生日，提供生日提醒的功能。

（6）联系人信息删除：要求能够删除某一指定联系人的信息，并在删除后将联系人信息存盘。

（7）联系人信息修改：要求能够修改某一指定联系人的信息，并在修改后将联系人信息存盘。

【题目3】学生成绩信息管理系统

编制一个成绩信息管理系统。每个学生信息包括：学号、姓名、C语言成绩、高数成绩、英语成绩。系统能实现以下功能。

（1）系统以菜单方式工作：要求界面清晰，友好，美观，易用。

（2）成绩信息导入功能：要求可从磁盘文件导入学生成绩的信息。

（3）信息浏览功能：能输出所有成绩的信息；要求输出格式清晰、美观。

（4）查询功能：可按学号或姓名查找某一学生的成绩信息；并将查询结果输出。

（5）统计功能：按分数段显示学生信息，可将分数段分为60分以下、60～79分、80～89分、90分以上。

（6）信息删除：要求能够删除某一指定学生的信息，并在删除后将学生信息存盘。

（7）信息修改：要求能够修改某一指定学生的信息，并在修改后将学生信息存盘。

【题目4】学生籍贯信息管理系统

编制一个学生籍贯信息管理系统，用于记录每个学生的籍贯信息，包括：学号、姓名、出生年月日、籍贯、联系电话。系统能实现以下功能。

（1）系统以菜单方式工作：要求界面清晰，友好，美观，易用。

（2）籍贯信息导入功能：要求可从磁盘文件导入学生籍贯的信息。

（3）信息浏览功能：能输出所有学生的籍贯信息，要求输出格式清晰、美观。

（4）查询功能：可按学号、按姓名或按籍贯查询学生信息，并将查询结果输出到磁盘文件。

（5）统计：统计并输出学生人数排名前三位的籍贯地区。

（6）信息删除：要求能够删除某一指定学生的信息，并在删除后将学生信息存盘。

（7）信息修改：要求能够修改某一指定学生的信息，并在修改后将学生信息存盘。

【题目5】车票销售管理系统

车站每天发出15班车，每班车的班次号、发车时间、路线（起始站、终点站）、大致的行车时间、固定的额定载客量、票价及已订票人数如表2.2所示。

表2.2　发车班次表

班次	发车时间	起点站	终点站	行车时间	额定载量	单价	已订票人数
0001	8:00	郫县	广汉	2	45	40.0	30
0002	6:30	郫县	成都	0.5	40	25.0	40
0003	7:00	郫县	成都	0.5	40	25.0	20
0004	10:00	郫县	成都	0.5	40	25.0	2
…	…	…	…	…	…		…

要求设计并实现一个车票销售管理系统，系统需实现以下功能。

（1）系统以菜单方式工作：要求界面清晰，友好，美观，易用。

（2）车次信息导入功能：要求可从磁盘文件导入车次的信息。

（3）信息浏览功能：能输出所有班车的信息；要求输出格式清晰、美观。

（4）查询功能：可按班车号、起点站或终点站查找班车的信息，并将查询结果输出。

（5）售票功能：只有当某班车已订票人数小于额定载量，且当前系统时间小于发车时间时才能售票。售票时显示收费信息；售票后更新已订票人数，并实现信息存盘。

（6）退票功能：输入退票的班次，当本班车未发出时才能退票。退票后自动更新已售票人数，并实现信息存盘。

（7）信息修改：要求能够修改某一指定班次的信息，并在修改后将信息存盘。

【题目 6】单项选择题标准化考试系统

设计并实现一个考试系统。系统用磁盘文件保存试题库。试题均为单项选择题，每个试题包括试题号、题干、4 个备选答案、标准答案。系统应实现以下功能。

（1）系统以菜单方式工作：要求界面清晰，友好，美观，易用。

（2）信息导入功能：要求可从磁盘文件导入试题库的信息。

（3）试卷生成：根据用户要求的题目数 n（由用户输入），每次从试题库中随机抽出 n 个试题。

（4）答题：显示试题，并允许用户输入答案。

（5）阅卷：判断用户输入的答案是否正确，并在考试结束后给出最终成绩。

（6）试题添加：要求能够添加新的试题，并在添加后将试题信息存盘。

（7）试题修改：要求能够根据试题号，修改某试题的信息，并在修改后将试题信息存盘。

（8）试题删除：要求能够根据试题号，删除某试题的信息，并在删除后将试题信息存盘。

【题目 7】教室信息管理系统

设计并实现一个教室信息管理系统。教室的信息包括：教室编号（如 6B202）、教室座位数、类型（多媒体或普通）、投影设备名称、计算机型号、是否可用、管理人。系统应实现以下功能。

（1）系统以菜单方式工作：要求界面清晰，友好，美观，易用。

（2）信息导入功能：要求可从磁盘文件导入教室的信息。

（3）查询：能根据教室编号、类型、是否可用、管理人对信息进行查询（提供三种查询方式）；显示查询的结果。

（4）统计：统计出多媒体教室和普通教室的数量，及每种教室座位数的总容量。

（5）教室信息修改：输入教室编号，对该指定的教室信息进行修改，并在修改后实现信息存盘。

（6）教室分配：查询可用的教室，将该教室分配给任课教师（设为不可用），同时实现信息存盘。

（7）教室回收：将指定教室回收（设为可用），同时实现信息存盘。

【题目 8】车辆交通违章管理系统

设计并实现一个车辆交通违章管理系统。其中，车辆的信息包括：编号、车牌号、车主姓名、性别、违章时间（年、月、日、时）、地点、违章情况、处罚情况。系统实现的功能如下。

（1）系统以菜单方式工作：要求界面清晰，友好，美观，易用。

（2）信息导入功能：可从磁盘文件导入车辆违章的信息。

（3）查询：能按车牌号、日期（年、月、日）查找所有违章记录，并显示查询结果。

（4）信息修改：输入车牌号，对相应的违章信息进行修改，并在修改后实现信息存盘。

（5）信息删除：输入车牌号，对相应的违章信息进行删除，并在删除后实现信息存盘。

（6）信息添加：可添加新的违章信息，添加信息后如某车主违章信息已达到5条，报警，并将该车主的信息输出至另外的磁盘文件，并在添加信息后实现信息存盘。

（7）数据分析：搜索违章最频繁的前10个地点。

2.4 案例分析

下面以图书信息管理系统为例，详细介绍系统分析、设计和实现的全过程，引导读者独立完成一个综合性的课程设计任务。

2.4.1 具体要求

本案例的具体要求如下。

设计并实现一个图书信息管理系统。图书信息包括：编号、书名、作者名、图书分类号、出版单位、出版时间、单价等。该系统实现以下功能。

（1）系统以菜单方式工作：要求界面清晰，友好，美观，易用。

（2）图书信息导入功能：可从磁盘文件导入图书的信息。

（3）浏览：能显示所有图书的信息，显示格式清晰、美观。

（4）图书信息添加：可添加新的图书信息，并在添加信息后实现信息存盘。

（5）图书信息修改：输入图书编号，对相应的图书进行修改，并在修改后实现信息存盘。

（6）图书信息删除：输入图书编号，对相应的图书进行删除，并在删除后实现信息存盘。

2.4.2 系统功能要求

根据问题描述，将图书信息管理系统的功能分解为以下几大模块。

（1）图书信息录入。对新到图书馆的图书的信息（编号、书名、作者名、图书分类号、出版单位、出版时间、单价）进行录入，并在录入后进行存盘操作。

（2）图书信息显示。显示已被录入图书的所有信息。

（3）图书信息删除。通过输入书名，查询该图书是否存在，若存在，则可删除该图书信息；若未查询到相关信息，提示该图书不存在；删除后应进行存盘操作。

（4）图书信息修改。通过输入书名，查询该图书是否存在，若存在，则可对图书各项信息进行修改；若未查询到相关信息，提示该图书不存在；修改后应进行存盘操作。

（5）图书信息查询。

① 根据图书的编号进行查询。

② 根据作者名进行查询。

③ 根据图书名进行查询。

将查询到的图书信息，包括编号、书名、作者名、图书分类号、出版单位、出版时间、单价显示在屏幕上。如未查询到相关信息，提示该图书不存在。

（6）退出系统。退出图书信息管理系统。

2.4.3 系统分析

1. 数据定义

本系统的数据可采用结构数组来处理。由于图书数量未知，故在定义数组长度时应适当估计其大小。由于各功能模块都需要对图书信息进行读取，为避免频繁参数传递，可将结构数组定义为全局数组。因此本系统的主要数据定义如下。

```
#define NUM 1000
typedef struct book
{
    char no[6];          //图书编号
    char bookname[21];   //书名
    char name[9];        //作者
    char tpno[7];        //图书分类号
    char publish[21];    //出版社
    int year,month,day;  //出版日期
    float price;         //价格
}BOOK;                   //定义图书类型 BOOK
BOOK books[NUM];
```

2. 关键技术分析

（1）在程序开始运行时，应调用自定义的函数 load()，将磁盘文件的数据导入到结构数组中。考虑到第一次使用本系统时，并无任何录入的数据，因此数据文件不存在。所以，在 load 函数中应对磁盘文件进行判断；如果磁盘文件不存在，无法打开，则新建立一个数据文件；否则即打开文件进行数据导入。

（2）在进行数据导入时，由于无法预知原始数据的个数，因此导入时应设一个计数器 booknum，用于记录从文件中导入的图书信息数目；由于各模块都需要根据 booknum 对图书信息进行访问，为避免频繁传递参数，因此可以将 booknum 定义为全局变量。注意，在图书信息添加、删除操作时，booknum 的数量会发生相应的改变。

同时，应注意到本例中采用了结构数组。由于 C 语言的数组要求预定义长度，实际使用时，一般会将数组的长度预定义为足够的大小（如本例将数组长度定义为 1000），这使得数据集常常处于空闲（图书数量少于 1000 本）状态，当然，也可能出现数据集不够大的情况（如图书数量超过 1000 本）。可见，本案例中使用结构数组存在着内存利用效率不够高且不够灵活的问题。要更好地解决这一问题，可以采用动态内存分配的方法，例如用单链表来存放图书信息，则可以解决数据动态变化的问题。关于这一点，本案例中不再详述，请读者自行分析其差别，进行改进。

（3）在删除或修改指定图书信息时，需要先进行信息的查询，因此，需要先调用查询功能模块 search()，按编号（或其他查询方式）找到该图书，再进行下一步的操作。

（4）系统中应编写存盘函数 save()，在删除或修改图书信息后，应由程序自动调用save()函数，将结构数组的数据保存到磁盘文件，以使文件中的数据及时更新。

（5）由于要求采用菜单的形式，本例中采用循环结构生成主菜单，在数据输入时采用清晰的提示信息，以方便用户的操作，对输出数据进行格式控制，以使界面更加美观、清晰。

2.4.4 系统实现

下面是本系统完整的源程序代码。该程序在 VC++ 6.0 编译环境下调试、运行通过。

```
#include<stdio.h>
#include<stdlib.h>
#include<string.h>
#define NUM 1000
void view();                        //图书信息浏览
void add();                         //图书信息添加
void update();                      //图书信息修改
void dele();                        //图书信息删除
void search();                      //图书信息查询
void load();                        //图书信息导入
void save();                        //图书信息存盘
void prna(int pos);                 //打印单条记录
void searchmenu();                  //查询子菜单
int sname();                        //按作者查询
int spublish();                     //按出版社查询
int sbookname();                    //按书名查询
void mainmenu();                    //主菜单
typedef struct book
{
    char no[6];                     //图书编号
    char bookname[21];              //书名
    char name[9];                   //作者
    char tpno[7];                   //图书分类号
    char publish[21];               //出版社
    int year,month,day;             //出版日期
    float price;                    //价格
}BOOK;                              //定义图书类型 BOOK
BOOK books[NUM];                    //定义全局数组，用于保存图书信息
int booknum=0;                      //全局变量，用于记录实际的图书数目
//*********************************************************
//图书信息浏览
//*********************************************************
void view()
{
    int i;
```

```
    if(booknum==0)
    {
        printf("无图书信息.\n");
    }
    else
    {
        printf("\n————————————————————————————————————————————\n");
        printf("%-6s%-20s%-8s%-7s%-20s%-12s%-9s","编号","书名","作者","分
        类号","出版社","出版日期","单价");
        printf("\n————————————————————————————————————————————\n");
        for(i=0;i<booknum;i++)
        {

printf("%-6s%-20s%-8s%-7s%-20s",books[i].no,books[i].bookname,books[i].
name,books[i].tpno,books[i].publish);
            printf("%-4d-%-2d-%-4d",books[i].year,books[i].month,
            books[i].day);
            printf("%-9.1f",books[i].price);
            printf("\n————————————————————————————————————————————\n");
        }
    }
}
//*****************************************************
//图书信息添加
//*****************************************************
void add()
{
    if(booknum==NUM)
    {
        printf("图书信息满,无法添加!\n");
    }
    else
    {
        printf("请输入图书信息:\n");
        printf("图书编号:");
        fflush(stdin);
        gets(books[booknum].no);
        printf("图书名:");
        fflush(stdin);
        gets(books[booknum].bookname);
        printf("作者:");
        fflush(stdin);
        gets(books[booknum].name);
        printf("出版社:");
        fflush(stdin);
```

```
        gets(books[booknum].publish);
        printf("分类号:");
        fflush(stdin);
        gets(books[booknum].tpno);
        printf("出版日期(年 月 日):");
scanf("%d%d%d",&books[booknum].year,&books[booknum].month,
&books[booknum].day);
        printf("价格:");
        scanf("%f",&books[booknum].price);
        booknum++;              //添加后图书数量增1
    }
    save();                     //添加信息之后进行存盘操作
}
//**************************************************
//图书信息修改
//**************************************************
void update()
{
    int pos;
    if((pos=sbookname())==-1)
        printf("对不起,没有该图书信息!\n");
    else
    {
        printf("该图书信息如下:\n");
        prna(pos);
        printf("请重新录入该图书信息:\n");
        printf("图书编号:");
        fflush(stdin);
        gets(books[pos].no);
        printf("图书名:");
        fflush(stdin);
        gets(books[pos].bookname);
        printf("作者:");
        fflush(stdin);
        gets(books[pos].name);
        printf("出版社:");
        fflush(stdin);
        gets(books[pos].publish);
        printf("分类号:");
        fflush(stdin);
        gets(books[pos].tpno);
        printf("出版日期(年 月 日):");
scanf("%d%d%d",&books[pos].year,&books[pos].month,&books[pos].day);
        printf("价格:");
        scanf("%f",&books[pos].price);
```

```
        save();  //修改信息之后进行存盘操作
    }
}
//**************************************************
//图书信息删除
//**************************************************
void dele()
{
    int pos;
    char flag;
    int i;
    if((pos=sbookname())==-1)
        printf("对不起,没有该图书信息!\n");
    else
    {
        printf("该图书信息如下:\n");
        prna(pos);
        printf("是否确定删除该图书信息?(y/n):");
        fflush(stdin);
        if((flag=getchar())=='y')
        {
            for(i=pos;i<booknum-1;i++)
            {
                books[i]=books[i+1];    //删除操作
            }
            booknum--;                  //删除后图书数量减 1
            save();                     //删除信息之后进行存盘操作
        }
    }
}
//**************************************************
//查询子菜单
//**************************************************
void searchmenu()
{
    printf("┌──────────────────────────┐\n");
    printf("│         图书查询系统         │\n");
    printf("├──────────────────────────┤\n");
    printf("│      1  按书名查询           │\n");
    printf("├──────────────────────────┤\n");
    printf("│      2  按作者查询           │\n");
    printf("├──────────────────────────┤\n");
    printf("│      3  按出版社查询         │\n");
    printf("├──────────────────────────┤\n");
    printf("│      0   返回主菜单          │\n");
```

```
    printf("└─────────────────────────────────┘\n");
}
//******************************************************
//按图书名查询
//******************************************************
int sbookname()
{
    char bookname[21];
    int i;
    printf("请输入要查找的图书名:");
    fflush(stdin);
    gets(bookname);
    for(i=0;i<booknum;i++)
    {
        if(strcmp(books[i].bookname,bookname)==0)
            return(i);
    }
    return -1;
}
//******************************************************
//按作者名查询
//******************************************************
int sname()
{
    char name[9];
    int i;
    printf("请输入要查找的作者名:");
    fflush(stdin);
    gets(name);
    for(i=0;i<booknum;i++)
    {
        if(strcmp(books[i].name,name)==0)
            return(i);
    }
    return -1;
}
//******************************************************
//按出版社查询
//******************************************************
int spublish()
{
    char publish[21];
    int i;
    printf("请输入要查找的出版社名:");
    fflush(stdin);
```

```
    gets(publish);
    for(i=0;i<booknum;i++)
    {
        if(strcmp(books[i].publish,publish)==0)
            return(i);
    }
    return -1;
}
//*************************************************
//打印一条记录
//*************************************************
void prna(int pos)
{
    printf("\n——————————————————————————————\n");
    printf("%-6s%-20s%-8s%-7s%-20s%-12s%-9s","编号","书名","作者","分类号
","出版社","出版日期","单价");
    printf("\n——————————————————————————————\n");
    printf("%-6s%-20s%-8s%-7s%-20s",books[pos].no,books[pos].bookname,
    books[pos].name,books[pos].tpno,books[pos].publish);
    printf("%-4d-%-2d-%-4d",books[pos].year,books[pos].month,books[pos].
    day);
    printf("%-9.1f",books[pos].price);
    printf("\n——————————————————————————————\n");
}
//*************************************************
//查询图书信息
//*************************************************
void search()
{
    int select;
    int pos;
    while(1)
    {
        searchmenu();
        printf("请选择:");
        scanf("%d",&select);
        switch(select)
        {
            case 1:if((pos=sbookname())!=-1)
                        prna(pos);
                   else printf("没找到相关记录!\n");
                   break;
            case 2:if((pos=sname())!=-1)
                        prna(pos);
                   else printf("没找到相关记录!\n");
```

```
                    break;
                case 3:if((pos=spublish())!=-1)
                         prna(pos);
                    else printf("没找到相关记录!\n");
                    break;
            }
            if(select==0)
                break;
        }
}
//*************************************************************
//从磁盘文件导入图书信息
//*************************************************************
void load()
{
    FILE *fp;
    int num=0;
    int flag=1;
    if((fp=fopen("bookdata.dat","rb"))==NULL)   //若磁盘文件不存在
    {
        fp=fopen("bookdata.dat","wb");           //则建立新文件
        flag=0;
    }
    if(flag)                         //若磁盘文件存在
    {
        while(!feof(fp))             //未到达文件尾部时，执行导入操作
        {
            fread(&books[num],sizeof(BOOK),1,fp);
            num++;                   //图书数量增加
        }
        booknum=num-1;               //用 booknum 记录导入的图书数目
    }
    fclose(fp);                      //关闭磁盘文件
}
//*************************************************************
//将图书信息保存到磁盘文件
//*************************************************************
void save()
{
    FILE *fp;
    int num=booknum-1;
    if((fp=fopen("bookdata.dat","wb"))==NULL)
    {
        printf("打开文件出错!\n");
        exit(0);
```

```
    }
    while(num>=0)
    {
        fwrite(&books[num],sizeof(BOOK),1,fp);
        num--;
    }
    fclose(fp);
    printf("已进行存盘操作!\n");
}
//***************************************************
//主菜单
//***************************************************
void mainmenu()
{
    printf("┌──────────────────────────────┐\n");
    printf("│          图书信息管理系统          │\n");
    printf("├──────────────────────────────┤\n");
    printf("│          1 图书信息浏览            │\n");
    printf("├──────────────────────────────┤\n");
    printf("│          2 添加图书信息            │\n");
    printf("├──────────────────────────────┤\n");
    printf("│          3 修改图书信息            │\n");
    printf("├──────────────────────────────┤\n");
    printf("│          4 删除图书信息            │\n");
    printf("├──────────────────────────────┤\n");
    printf("│          5 图书信息查询            │\n");
    printf("├──────────────────────────────┤\n");
    printf("│          0   退出系统              │\n");
    printf("└──────────────────────────────┘\n");
}
//***************************************************
//主函数
//***************************************************
void main()
{
    int select;
    load();  //导入图书信息
    while(1)
    {
        mainmenu();
        printf("请选择:");
        scanf("%d",&select);
        switch(select)
        {
            case 1:view();break;
```

```
            case 2:add();break;
            case 3:update();break;
            case 4:dele();break;
            case 5:search();break;
        }
        if(select==0)
            break;
    }
}
```

第3部分 典型例题

3.1 C语言概述

1．应用程序 ONEFUNC.C 中只有一个函数，这个函数的名称是____________。

【分析】任何一个C程序总是由若干个函数构成的。其中有且仅有的是 main 函数。若应用程序中只有一个函数，它一定是 main 函数。

【解答】main

2．一个函数由__________和__________两部分组成。

【解答】函数首部，函数体

3．C 语言源程序文件的扩展名是________；编译后生成目标程序文件，扩展名是________；连接后生成可执行程序文件，扩展名是_________；运行得到结果。

【解答】.c，.obj，.exe

4．编写一个C程序，上机运行要经过的4个步骤是：________________________。

【解答】编写，编译，连接，运行

5．C语言中的标识符只能由三种字符组成，它们是_____________、__________和____________。且第一个字符必须为____________。

【解答】字母，数字，下划线，字母或数字

6．C语言中的标识符可分为关键字、__________和__________三类。

【解答】用户定义标识符，标准标识符

7．一个C程序的执行是从____________。

A．本程序的 main 函数开始，到 main 函数结束

B．本程序文件的第一个函数开始，到本程序文件的最后一个函数结束

C．本程序的 main 函数开始，到本程序文件的最后一个函数结束

D．本程序文件的第一个函数开始，到本程序 main 函数结束

【分析】C程序的执行过程总是从 main 函数开始，当 main 函数执行结束，整个程序的运行就结束了。程序中的其他函数，只有当被调用时才会被执行。

【解答】A

8．以下叙述不正确的是____________。

A．一个C源程序可由一个或多个函数组成

B．一个C源程序必须包含一个 main 函数

C．在C程序中，注释说明只能位于一条语句的后面

D．C程序的基本组成单位是函数

【分析】程序的注释可以出现在程序中的任何地方。

【解答】C

9．C 语言规定:在一个源程序中，main 函数的位置____________。

A．必须在程序的开头　　B．必须在系统调用的库函数的后面

C．可以在程序的任意位置　　D．必须在程序的最后

【解答】C

10．C 编译程序是____________。

A．将 C 源程序编译成目标程序的程序

B．一组机器语言指令

C．将 C 源程序编译成应用软件

D．C 程序的机器语言版本

【解答】A

11．要把高级语言编写的源程序转换为目标程序，需要使用____________。

A．编辑程序　　B．驱动程序　　C．诊断程序　　D．编译程序

【分析】编译程序又称为编译器，它可以将高级语言的源程序翻译为机器语言程序。

【解答】D

12．以下叙述中正确的是____________。

A．在 C 语言中，main 函数必须位于程序的最前面

B．C 语言的每行中只能写一条语句

C．C 语言本身没有输入输出语句

D．在对一个 C 程序进行编译的过程中，可以发现注释中的拼写错误

【分析】C 程序中，main 函数可以出现在程序中的任何位置；可以将多个语句书写在同一行上；源程序中的注释是不进行编译的，因此编译时不会检查注释中的拼写错误；C 语言本身并没有输入输出语句，输入输出是通过调用标准函数来实现的，如用 scanf 函数实现输入，用 printf 函数进行输出。

【解答】C

3.2　基本数据类型、运算符与表达式

1．C 语言规定在程序中对用到的所有数据都必须指定其__________类型，对变量必须做到先__________，后____________。

【分析】程序中所有数据都应该指定其数据类型，以明确数据所占内存空间的大小，以及在数据上能进行什么样的操作。对程序中所有的变量，必须先通过定义，为其申请内存空间，然后才能对变量进行操作。没有定义的变量无法在内存中得到其所需要的内存空间，也就无法存储其数据，更加无法进行其他运算。

【解答】数据，定义，使用

2．设 C 语言中的一个基本整型数据在内存中占两个字节，若需将整数 135 791 存放到变量 a 中，应采用的类型说明语句是________________。

【分析】如果基本整型占两个字节，则其取值范围为–32 768～+32 767；整数 135 791 已超出了其取值范围，如果用基本整型来存储该数，将发生溢出。因此定义长整型的变量 a 来存储该数。

【解答】long int a=135791;

3．C 语言中，转义字符'\n'的功能是______；转义符'\r'的功能是______。

【分析】注意，“回车”令光标回到当前行的行头；“回车换行”令光标去到下一行的行头。

【解答】回车换行，回车

4．C 语言中，&作为双目运算符时表示的是______，而作为单目运算符时表示的是______。

【解答】按位与，取内存地址

5．在 C 语言的赋值表达式中，赋值号左边必须是______。

【分析】赋值号的左边只能是变量，如下写法是错误的：

a+b=5

因为赋值运算符是将右边表达式的值写入到左边的变量所处的内存单元中去。只有变量的内存空间才允许写入数据，而表达式 a+b 是没有自己的内存空间的，因此不能写入数据。

【解答】变量

6．自增运算符++、自减运算符– –，只能用于______，不能用于常量或表达式。++和– –的结合方向是“自______至______”。

【分析】++，– –运算符只能用于变量，如 5++，(a+b)– –这样的操作是非法的。C 语言的单目运算符的结合方向是右结合的。

【解答】变量，右，左

7．若有定义：int x=3,y=2; float a=2.5,b=3.5;，则下面表达式的值为______。

(x+y)%2+(int)a/(int)b

【分析】注意，两个整数相除，其结果是取整。

【解答】1

8．下列 4 组选项中，均是 C 语言关键字的选项是______。

A. auto	B. switch	C. signed	D. if
enum	typedef	union	struct
include	continue	scanf	type

【解答】B

9．sizeof(float)是______。

A．一个双精度型表达式　　　　B．一个整型表达式

C．一种函数调用　　　　　　　D．一个不合法的表达式

【分析】sizeof()用于计算某种数据类型在内存中所占的字节数，其结果是一个整数。

【解答】B

10．在 C 语言中，要求运算数必须是整型的运算符是______。

A. %　　B. /　　C. <　　D. !

【分析】%运算符要求参与运算的两个数均是整型数据，/、<和！既适用于整型数据，也适用于浮点型或字符型数据。

【解答】A

11. 下面正确的字符常量是____________。

A. "C"　　B. "\\"　　C. 'W'　　D. ''

【分析】字符常量是用单引号引起来的单个字符。因此选项 A 和 B 都是错误的。选项 D 仅仅是一对单引号，不是合法的字符常量。

【解答】C

12. 以下正确的叙述是____________。

A. 在 C 语言中，每行中只能写一条语句

B. 若 a 是实型变量，C 程序中允许赋值 a=10，因此实型变量中允许存放整型数

C. 在 C 程序中，无论是整数还是实数，都能被准确无误地表示

D. 在 C 程序中，%是只能用于整数运算的运算符

【分析】C 程序可以将多条语句写在同一行上；对于实型变量 a 来说，只能存储实型的数据。虽然可以进行赋值 a=10，但在赋值时由于两边数据类型不一样，系统会进行隐式类型转换，最终仍然是将一个实型数赋值给 a。在计算机中，由于浮点数受其存储精度的限制，因此是不可能被完全准确无误地表示出来的。%是只能用于整数运算的操作符，故本题正确答案选择 D。

【解答】D

13. 表示条件：10<x<100 或 x<0 的 C 语言表达式是____________。

【分析】注意，根据关系运算的规则，表达式 10<x<100 的结果是恒为真的，不能表示 x 的取值在 10～100 之间。正确的表示方法应该是：x>10&&x<100。

【解答】x>10&&x<100||x<0

14. 逻辑运算符两侧运算对象的数据类型____________。

A. 只能是 0 或 1　　B. 只能是 0 或非 0 正数

C. 只能是整型或字符型数据　　D. 可以是任何类型的数据

【分析】逻辑运算符是根据操作数为 0 或非 0 来判定真假值的，因此，任何类型的数据都可以进行逻辑运算，如!5，'a'||'b'，都是正确的表达式。

【解答】D

15. 运行下面的程序，如果从键盘上输入 6，输出的结果是________________。

```
void main()
{
  int x;
  scanf("%d",&x);
  if(x++>5)
    printf("%d",x);
  else
    printf("%d\n",x--);
}
```

【解答】7

3.3　顺序结构程序设计

1．结构化程序设计的三种基本结构是＿＿＿＿＿＿、＿＿＿＿＿＿、＿＿＿＿＿＿。

【分析】结构化程序设计中包含三种基本结构，就是顺序、选择和循环。结构化程序设计方法认为，无论程序的结构有多复杂，总是能分解成这三种基本结构的组合。

【解答】顺序，选择，循环

2．下面语句中正确的是＿＿＿＿＿＿。

A．scanf ("a=b=%d",&a,&b);　　B．scanf ("a=%d,b=%f",&m,&f);

C．scanf ("%c","c");　　D．scanf ("%7.2f", &f);

【分析】在使用 scanf 函数时，应注意格式符与被输入的数据在三个方面要完全对应：个数、顺序和数据类型。输入 float 型数据时，不能指定精度，因此不能选 D。

【解答】B

3．执行 scanf ("%c%c",&a,&b) 语句，若要使变量 a 和 b 的值分别为'a'和'b'，则正确的输入方法为＿＿＿＿＿＿。

A．ab　　B．'a' 'b'　　C．a b　　D．a,b

【分析】scanf 函数中的格式为“%c%c”，表示输入两个字符。在两个字符输入时，中间不能用空白符号分开，也不需要输入单引号，因此正确答案选择 A。如果要采用 D 的输入方式，其格式符应写为“%c, %c”。

【解答】A

4．下面程序运行后，从键盘输入 31，则程序的输出结果是＿＿＿＿＿＿。

```
void main ()
{
    int a ;
    scanf("%d", &a);
    printf ("a=%d,Ha=%x,Oa=%o",a,a,a);
}
```

【分析】注意格式符所代表的含义：%d 为十进制整数；%f 为 float 型数据；%o 为八进制数；%x 为十六进制数。此外，还应注意其他常用格式符的用法，包括%f，%s 等。

【解答】a=31，Ha=1f，Oa=37

5．设 a、b、c、d、m、n 均为 int 型变量，且 a=5、b=6、c=7、d=8、m=2、n=2，则逻辑表达式(m=a>b) &&(n=c>d)运算后，n 的值是＿＿＿＿＿＿。

【分析】C 语言的逻辑表达式在计算时，只有在必须执行下一表达式才能求解时，才执行下一表达式。在本题中，首先执行逻辑与（&&）左边的表达式(m=a>b)，其结果为 0，同时 m 的值也变为 0，此时整个逻辑表达式的结果已经可以确定为 0 了，因此&&运算符右边的表达式(n=c>d)就不再执行了，所以变量 n 保持其原来的值不变，仍然是 2。

【解答】2

6．编写程序：输入华氏温度 F，要求输出摄氏温度 C。要求计算结果后保留两位小数。计算公式为：$c=\frac{5}{9}(F-32)$。

【分析】本题中，不能将表达式写成 c= 5/9×(f–32)。因为 5/9 的结果是取其整数商，即为 0。因此，将表达式写成 5.0/9×(f–32)，可以保留运算结果的小数部分。

【参考程序】

```
#include <stdio.h>
void main()
{
    float c,f;
    printf("请输入一个华氏温度：\n");
    scanf("%f",&f);
    c= 5.0/9*(f-32);
    printf("华氏温度 F=%.2f\n",f);
    printf("摄氏温度 c=%.2f\n",c);
}
```

7. 编写程序：已知圆半径和圆柱高，求圆柱的体积。要求计算结果后保留两位小数。

【分析】可以将圆周率定义为符号常量 PI，为使运算结果保留两位小数，输出时采用的格式符为%.2f。

【参考程序】

```
#include  <stdio.h>
#define  PI  3.1415926
void main()
{
    float r,h,v;
    printf("请输入圆半径，圆柱高：");
    scanf("%f%f",&r,&h);
    v=PI*r*r*h;
    printf("圆柱体积=%.2f\n"v);
 }
```

8. 编写程序：将任意一个两位正整数平方后，取其百位数和十位数，构成一个新的两位整数。

【分析】对任意一个整数取其个、十、百位，或其他位，均可采用算术运算符/和%的组合来进行。注意本题的输出是 b*10+a，如果写成：

```
printf("所构成的两位正整数为：%d%d\n",b,a);
```

是不满足题目要求的。

【参考程序】

```
#include  <stdio.h>
void main()
{
    int x,a,b;
    printf("请输入一个两位正整数：");
```

```
    scanf("%d",&x);
    x*=x;
    a=x%10;
    b=x/100%10;
    printf("所构成的两位正整数为: %d\n",b*10+a);
}
```

3.4 选择结构程序设计

1. 编写一个 C 程序，要求从键盘输入三个整数 x、y、z，请把这三个数由小到大输出。

【分析】排序问题。想办法把三个数进行调换，使得最小的数放到 x 变量里，最大的数放在 z 变量里。具体方法如下：先将 x 与 y 进行比较，如果 x>y 则将 x 与 y 的值进行交换，然后再用 x 与 z 进行比较，如果 x>z 则将 x 与 z 的值进行交换，这样能使 x 最小；然后将 y 与 z 比较，并将较小的值保存在 y 里而较大的值放在 z 里。最后，依次输出 x、y、z。

【参考程序】

```
#include <stdio.h>
void main()
{
    int x,y,z,a;
    printf("input 3  integer :\n");
    scanf("%d,%d,%d",&x,&y,&z);
    if(x>y)              /*使 x<=y*/
    {
        a=x;
        x=y;
        y=a;
    }
    if(x>z)              /*使 x<=z*/
    {
        a=x;
        x=z;
        z=a;
    }
    if(y>z)              /*使 y<=z*/
    {
        a=z;
        z=y;
        y=a;
    }
    printf("\nx=%d, y=%d, z=%d\n",x,y,z);
}
```

2. 编写一个 C 程序，要求从键盘输入一个不多于 5 位的正整数 x，在屏幕上输出：①它是几位数；②逆序打印出各位数字。例如：原数为 789，应输出 987。

【分析】该问题的核心是分解出每一位上的数字：

```
a=x/10000;          /*分解出万位上的数字*/
b=x%10000/1000;     /*分解出千位上的数字*/
c=x%1000/100;       /*分解出百位上的数字*/
d=x%100/10;         /*分解出十位上的数字*/
e=x%10;             /*分解出个位上的数字*/
```

通过检测各数字是否为零，便可知道 x 是几位数。例如，if (a>0)则 x 是 5 位数。

【参考程序】

```
#include<stdio.h>
void main()
{
    long x; int a,b,c,d,e;
    printf("\ninput x:");
    scanf("%ld",&x);
    e=x%10; d=x/10%10; c=x/100%10; b=x/1000%10; a=x/10000;
    if(x>=1E+5||x<=0)
        printf("Out of range!\n");
    else
    {
        if(a>0)
            printf("5 位数，反序数字是: %d%d%d%d%d\n",e,d,c,b,a);
        else if(b>0)
            printf("4 位数，反序数字是: %d%d%d%d\n",e,d,c,b);
        else if(c>0)
            printf("3 位数，反序数字是: %d%d%d\n",e,d,c);
        else if(d>0)
            printf("2 位数，反序数字是: %d%d\n",e,d);
        else
            printf("1 位数，数字是:%d\n",e);
     }
}
```

3．编写程序：要求从键盘输入两个数，并依据提示输入的数字，选择对这两个数的运算，并输出相应运算结果。提示为：1：作加法；2：作乘法；3：作除法。

【分析】可使用 switch 语句，以提示输入的数字为依据，作分支结构设计，使得提示输入 1 时，将两数之和输出；提示输入 2 时，将两数之积输出；提示输入 3 时，将两数之商输出。注意，除数不可为零的检测与提示。

【参考程序】

```
#include <stdio.h>
void main()
```

```
{
    float op1,op2; int sign;
    printf("请输入两个操作数: a  b\n");
    scanf("%f%f",&op1,&op2);
    printf("请选择进行的运算(1,2,3,4): \n");
    printf("1: +\n");
    printf("2: -\n");
    printf("3: *\n");
    printf("4: /\n");
    printf("您选择: ");
    scanf("%d",&sign);
    switch(sign)
    {
        case 1: printf("\n%f+%f=%f\n",op1,op2,op1+op2); break;
        case 2: printf("\n%f-%f=%f\n",op1,op2,op1-op2); break;
        case 3: printf("\n%f*%f=%f\n",op1,op2,op1*op2); break;
        case 4: if(op2)
                  {
                        printf("\n%f/%f=%f\n",op1,op2,op1/op2); break;
                  }
                else
                  {
                        printf("\n除数不能为0\n"); break;
                                          }
        default: printf("\n您选择的运算不对\n");
    }
}
```

4. 输入某年某月某日，判断这一天是这一年的第几天。

【分析】以 3 月 5 日为例，应该先把前两个月的加起来，然后再加上 5 天即本年的第几天，特殊情况，闰年且输入月份大于 3 时需考虑多加一天。

【参考程序】

```
#include <stdio.h>
void main()
{
    int day,month,year,sum,leap;
    printf("\nplease input year,month,day\n");
    scanf("%d,%d,%d",&year,&month,&day);
    switch(month)  /*先计算某月以前月份的总天数*/
    {
        case 1:sum=0;break;
        case 2:sum=31;break;
        case 3:sum=59;break;
        case 4:sum=90;break;
```

```
        case 5:sum=120;break;
        case 6:sum=151;break;
        case 7:sum=181;break;
        case 8:sum=212;break;
        case 9:sum=243;break;
        case 10:sum=273;break;
        case 11:sum=304;break;
        case 12:sum=334;break;
        default:printf("data error");break;
    }
    sum=sum+day;                                        /*再加上某天的天数*/
    if(year%400==0||(year%4==0&&year%100!=0))          /*判断是不是闰年*/
        leap=1;
    else
        leap=0;
    if(leap==1&&month>2)                 /*如果是闰年且月份大于2,总天数应该加一天*/
        sum++;
    printf("It is the %dth day.\n",sum);
}
```

3.5 循环结构程序设计

1. 输入一行字符，分别统计出其中字母、数字和其他字符的个数。

【参考程序】

```
#include<stdio.h>
void main()
{
    char ch;
    int i,j,k;
    i=j=k=0;
    while( (ch=getchar() )!='\n')
    {   if(ch>'a'&&ch<'z'||ch>'A'&&ch<'Z' )
            i++;        /*统计字母*/
        else if(ch>'0'&&ch<'9')
            j++;        /*统计数字*/
        else
            k++;        /*统计其他*/
    }
    printf("字母个数: %d, 数字个数: %d, 其他字符: %d\n",i, j, k);
}
```

2. 求解爱因斯坦数学题。有一条长度不多于1000步的阶梯，若每步跨2阶，则最后剩1阶，若每步跨3阶，则最后剩2阶，若每步跨5阶，则最后剩4阶，若每步跨6阶，则最后剩 5 阶，若每步跨 7 阶，最后一阶都不剩，问总共有多少级阶梯？

【分析】若每步跨 m 阶，则最后剩 n 阶，其实就是取 m 的余数值为 n。

【参考程序】

```
#include<stdio.h>
void main( )
{
    int n;
    for(n=1;n<=1000;n++)
        if(n%7==0&&n%6==5&&n%5==4&&n%3==2&&n%2==1)
            printf("爱因斯坦数学题答案: %d\n",n);
}
```

3. 100 匹马驮 100 担货，大马一匹驮三担，中马一匹驮两担，小马两匹驮一担，求大、中、小马的数目，要求列出所有的可能。

【分析】百马百担货问题是循环结构的一个经典习题。解决该问题的办法是采用穷举的方法。穷举法也称为蛮力法，它的基本思想是：列举出大、中、小马所有可能的组合，然后根据条件，挑选出其中满足条件的组合。

【参考程序】

```
#include<stdio.h>
void main()
{
    int x,y,z;
    for (x=0;x<=100/3;x++)
        for (y=0;y<=100/2;y++)
        {
            z=100-x-y;
            if(3*x+2*y+z/2.0==100 )          /* 注意此处不能是 z/2 */
                printf("大马=%d 匹, 中马=%d 匹, 小马=%d 匹\n",x,y,z);
        }
}
```

4. 编写程序，求 1~9999 之间的全部同构数。同构数是这样一组数；它出现在平方数的右边。例如：5 是 25 的右边的数，25 是 625 的右边的数，5 和 25 都是同构数。

【分析】本题不需要任何输入数据，因为已知待处理的数据是 1~9999 之间的数。因此，采用循环结构，将 1~9999 之间的数逐个取出，通过设定条件来判断其是不是同构数即可。

【参考程序】

```
#include<stdio.h>
void main()
{
    int n,k;
    for(n=1;n<10000;n++)
    {
```

```
        k=n*n;
        if (n==k%10||n==k%100||n==k%1000||n==k%10000)
            printf("%6d",n);
    }
    printf("\n");
}
```

5．编写程序，对数据进行加密。从键盘输入一个数，对每一位数字均加2，若加2后大于9，则取其除10的余数。例如，2863加密后得到4085。

【分析】解此题有多种方法，这里列出了 4 种。前三种解法是把数据作整数处理，都是由低位向高位取数字；也可由高位向低位取数字，但处理起来要麻烦些，请读者思考。第4种方法是把数据作为字符串，处理起来更为简单，最高位可为0，也不限数据长度，更符合加密的应用。如应用字符数组，处理起来更加简单，这个问题留给读者。

【参考程序】

```
/*方法 1: 将数据当作整数处理 */
#include <stdio.h>
void main()
{
    int x,pass=0,i=1;
    short mod;
    printf ("\ninput  x:");
    scanf("%d",&x);
    printf("\n 原数据:%d\n",x);
    do
    {  /*由低位向高位逐位求得加密数字，并放入加密后数据 pass 中 */
        mod=x%10;                    /*  取当前数的最低位 */
        mod=(mod+2)%10;              /*求加密后的数字 */
        pass=pass+mod*i;             /* 将此位加密后的数字放入加密数据中 */
        x=x/10;                      /* 计算舍弃最低位的新数据*/
        i=i*10;                      /* 计算下一数位的权值 */
    } while(x);
    printf("\n 加密后:%d\n",pass);
}
/*方法 2: 将数据当作整数处理，计算权值用了数学函数 pow()*/
#include <math.h>
#include <stdio.h>
void main()
{
    int x,pass=0,i=1;
    short mod;
    printf ("\ninput  x:");
    scanf("%d",&x);
    printf("\n 原数据:%d\n",x);
    for(i=0,pass=0;x>0;i++)          /* 此处 i 表示的是数位*/
```

```
    {
        mod=x%10;                              /*求最低位的数字 */
        mod=(mod+2)%10;                        /*求加密后的数字 */
        pass=pass+mod*pow(10,i);               /* 将此位加密后的数字放入加密数据中 */
        x=x/10;                                /* 计算舍弃最低位的新数据*/
    }
    printf("\n加密后:%d\n",pass);
}

/*方法 3: 将数据当作整数处理，采用了数组存储每位密码数字*/
#include <stdio.h>
void main()
{
    int x,a[10],i=0,j;
    printf("\n请输入一个正整数:\n");
    scanf("%d",&x);
    printf("\n原数据:%d\n",x);
    do
    {
        a[i]=x%10;                             /*求最低位的数字 */
        a[i]=(a[i]+2)%10;                      /*求加密后的数字 */
        x=x/10;                                /* 计算舍弃最低位的新数据*/
        i++;
    } while(x);
    printf("\n加密后:");
    for(j=i-1;j>=0;j--)
        printf("%d",a[j]);
    printf("\n");
}
/*方法 4: 将数据当作字符串处理，这样不限数据长度，最高位也可以为 0*/
#include <stdio.h>
void main()
{
    char c;
    c=getchar();
    while(c>='0'&&c<='9')                      /* 如不是数字，则退出循环 */
    {
        c=c+2;                                 /*数字加密*/
        if(c>'9')
            c=c-10;
        putchar(c);                            /*输出加密后数字*/
        c=getchar();                           /*接收下一个数字*/
    }
    putchar('\n');
}
```

6. 打印如下的九九乘法表。

```
1    2    3    4    5    6    7    8    9
---------------------------------------------
1
2    4
3    6    9
4    8    12   16
5    10   15   20   25
…
9    18   27   36   45   54   63   72   81
```

【分析】本题是循环结构的经典习题。和本题相似的还有：打印矩形、打印菱形、打印三角形等。类似的图案具有一个共同点，就是具有多行和多列。一般采用两重循环结构，用外循环控制行，用内循环控制一行内的若干列的方法。

【参考程序】

```c
#include <stdio.h>
void main()
{
    int i,j;
    for (i=1;i<=9;i++)
         printf("%-5d",i);
    printf("\n----------------------------\n");
    for (i=1;i<=9;i++)
    {
         for (j=1;j<=i;j++)
              printf("%-5d",i*j);
         printf("\n");
    }
}
```

7. 古典问题：有一对兔子，从出生后第三个月起每个月都生一对兔子，小兔子长到第三个月后每个月又生一对兔子，假如兔子都不死，问每个月的兔子总数为多少？

【分析】兔子的规律为数列 1，1，2，3，5，8，13，21，…，这就是斐波那契数列。该数列除前两项为 1 外，从第三项开始，每一项都等于前两项之和。

【参考程序】

```c
#include <stdio.h>
void main()
{
    long f1,f2;
    int i;
    f1=f2=1;
    for(i=1;i<=20;i++)
```

```
    {
        printf("%12ld %12ld",f1,f2);
        f1=f1+f2;          /*前两个月加起来赋值给第三个月*/
        f2=f1+f2;          /*前两个月加起来赋值给第三个月*/
    }
}
```

8. 从 3 个红球、5 个白球、6 个黑球中任意取出 8 个球，且其中必须有白球，输出所有可能的方案。

【参考程序】

```
#include <stdio.h>
void main()
{
    int i,j,k;
    printf("\n   hong   bai   hei   \n");
    for (i=0;i<=3;i++)
        for (j=1;j<=5;j++)
        {
            k=8-i-j;
            if (k>=0&&k<=6)
                printf("  %3d  %3d   %3d  \n",i,j,k);
        }
}
```

9. 将一个正整数分解质因数。例如：输入 90，打印出 90=2*3*3*5。

【分析】对 n 进行分解质因数，应先找到一个最小的质数 k，然后按下述步骤完成。

（1）如果这个质数恰等于 n，则说明分解质因数的过程已经结束，打印出即可。

（2）如果 n<>k，但 n 能被 k 整除，则应打印出 k 的值，并用 n 除以 k 的商，作为新的正整数 n，重复执行第一步。

（3）如果 n 不能被 k 整除，则用 k+1 作为 k 的值，重复执行第一步。

【参考程序】

```
#include <stdio.h>
void main()
{
    int n,i;
    printf("\nplease input a number:\n");
    scanf("%d",&n);
    printf("%d=",n);
    for(i=2;i<=n;i++)
    {
        while(n!=i)
        {
            if(n%i==0)
```

```
            {
                printf("%d*",i);
                n=n/i;
            }
            else
                break;
        }
    }
    printf("%d",n);
}
```

10. 判断一个整数是不是回文数。回文数是这样一种数字，它正读倒读是一样的。如98789，正读是98789，倒读也是98789，所以这个数字就是回文数。

【分析】根据题意，不妨将待判断的数定义为标准整型 int。因此在程序运行时，待判断的数的范围应在 int 之内。回文数可以考虑为：如某数逆序后和原数相等，则它是回文数。

【参考程序】

```
#include <stdio.h>
void main()
{
    int x,t,y=0;
    printf("\nplease input a number:\n");
    scanf("%d",&x);
    t=x;
    while(t!=0)
    {
        y=y*10+t%10;
        t=t/10;
    }
    if(x==y)
        printf("%d是回文数! \n",x);
    else
        printf("%d不是回文数! \n",x);
}
```

3.6 数　组

1. 定义一个含有30个整型元素的数组，按顺序分别赋予从2开始的偶数；然后按顺序每5个数求出一个平均值，放在另一个数组中并输出。请编程。

【分析】本例是一维数组的基础操作题。在对一维数组元素进行访问时，一般采用循环结构，通过数组元素的下标，对数组元素进行逐个访问。程序中应注意防止数组的下标越界。

【参考程序】

```
#include <stdio.h>
#define SIZE 30
void main()
{
    float b[SIZE/5],sum;
    int a[SIZE],i,k;
    for( k=2,i=0;i<SIZE;i++)
    {
        a[i]=k;
        k+=2;
     }
     sum=0;
     for( k=0,i=0;i<SIZE;i++)
     {
         sum+=a[i];
         if((i+1)%5==0)
         {
             b[k]=sum/5;
             sum=0;
             k++;
         }
     }
     printf("The result is:\n");
     for(i=0;i<k;i++)
         printf("%f  \n",b[i]);
}
```

2. 下面是一个 5×5 阶的螺旋方阵。试编程打印出此形式的 n×n(n<10)阶的方阵（顺时针方向旋进）。

```
1   2   3   4   5
16  17  18  19  6
15  24  25  20  7
14  23  22  21  8
13  12  11  10  9
```

【分析】从 4 个方向考虑下标的变化。

【参考程序】

```
#include <stdio.h>
#define N 10
void main()
{
    int a[N][N],i,j,k=0,m,n;
```

```
    printf("Enter n(n<10):\n");
    scanf("%d",&n);
    if(n%2==0)
        m=n/2;
    else
        m=n/2+1;
    for(i=0;i<m;i++)
    {
        for(j=i;j<n-i;j++)
        {
            k++;
            a[i][j]=k;
        }
        for(j=i+1;j<n-i;j++)
        {
            k++;
            a[j][n-i-1]=k;
        }
        for(j=n-i-2;j>=i;j--)
        {
            k++;
            a[n-i-1][j]=k;
        }
        for(j=n-i-2;j>=i+1;j--)
        {
            k++;
            a[j][i]=k;
        }
    }
    for(i=0;i<n;i++)
    {
        for(j=0;j<n;j++)
            printf("%5d",a[i][j]);
        printf("\n");
    }
}
```

3．从键盘输入一个字符，用折半查找法找出该字符在已排序的字符串 a 中的位置。若该字符不在 a 中，则打印出提示信息：The char is not in the string。试编程。

【分析】折半查找的算法思想是：将数列按有序化（递增或递减）排列，查找过程中采用跳跃式方式查找，即先以有序数列的中点位置为比较对象，如果要找的元素值小于该中点元素，则将待查序列缩小为左半部分，否则为右半部分。通过一次比较，将查找区间缩小一半。折半查找是一种高效的查找方法。它可以明显减少比较次数，提高查找效率。但是，折半查找的先决条件是查找表中的数据元素必须有序。

【参考程序】

```
#include <stdio.h>
#include <string.h>
#define N 81
void main()
{
    char a[N]="abcdefghijklmn",c;
    int i,top,bot,mid;
    printf("Input a character\n");
    scanf("%c",&c);
    printf("c=%c\n",c);
    for(top=0,bot=strlen(a)-1;top<=bot;)
    {
        mid=(top+bot)/2;
        if(c==a[mid])
        {
            printf("The position is %d\n",mid+1);
            break;
        }
        else if(c>a[mid])
            top=mid+1;
        else
            bot=mid-1;
    }
    if(top>bot)
        printf("The char is not in the string.\n");
}
```

4. 编写程序：从键盘输入两个字符串 a 和 b，要求不用库函数 strcat 把串 b 的前 5 个字符连接到串 a 中；如果 b 的长度小于 5，则把 b 的所有元素都连接到 a 中。

【参考程序】

```
#include <stdio.h>
#include  <string.h>
#define N 81
void main()
{
    char a[N],b[N];
    int i=0,j;
    printf("Input two strings.\n");
    gets(a);
    gets(b);
    while(a[i++]!='\0');
        for(j=0,i--;j<5&&b[j]!='\0';j++)
            a[i++]=b[j];
```

```
    a[i]='\0';
    puts(a);
}
```

5．输入 10 个 0～100 的随机整数到指定的数组中。

【参考程序】

```
#include <stdio.h>
#include <stdlib.h>
#include <time.h>
void main()
{
    int i,a[10]={0};
/* time(): 返回从格林威治时间 1970 年 1 月 1 日 0 点 0 分 0 秒到现在的秒数 */
/*srand(): 随机函数 rand 的种子函数 */
    srand(time(NULL));
    for(i=0;i<10;i++)
    {
        a[i]=rand()%100;  /*产生 100 以内的随机整数*/
    }
    for(i=0;i<10;i++)
        printf("%4d\n",a[i]);
}
```

6．编写程序：找出一个二维数组的“鞍点”。

【分析】“鞍点”是指某位置上的元素在该行上最大，在该列上最小。当然，二维数组可能有几个鞍点，也可能没有鞍点。程序中如找到“鞍点”，则打印其位置（行，列）和其值；如没有找到“鞍点”，则提示没有“鞍点”存在。

【参考程序】

```
#include <stdio.h>
#define N 10
#define M 10
void main()
{
    int i,j,k,m,n,flag1,flag2,a[N][M],max,maxi,maxj;
    printf("\n 输入行数 n: ");
    scanf("%d",&n);
    printf("\n 输入行数 m: ");
    scanf("%d",&m);
    printf("输入%d 个整数: \n",m*n);
    for (i=0;i<n;i++)                    /* 输入 m*n 个整数 */
    {
        for (j=0;j<m;j++)
            scanf("%d",&a[i][j]);
    }
```

```
    flag2=0;                                    /*假定有矩阵无鞍点*/
    for (i=0;i<n;i++)
    {
        max=a[i][0];                            /*在第 i 行中求出最大值列标*/
        for (j=0;j<m;j++)
            if (a[i][j]>max)
            {
                max=a[i][j];
                maxj=j;
            }
        for (k=0,flag1=1;k<n && flag1;k++)      /*判定是否是该列中最小的*/
            if (max>a[k][maxj])
                flag1=0;
        if (flag1)                              /*flag1==1，该数是鞍点*/
        {
            printf("\n 第%d 行，第%d 列的%d 是鞍点\n",i,maxj,max);
            flag2=1;
        }
    }
    if (!flag2)
        printf("\n 矩阵中无鞍点! \n");
}
```

3.7 函 数

1. 编写一个函数，其功能是计算二维数组每行之和以及每列之和。

【参考程序】

```
void fun(int a[][4],int n,int row[],int col[])
{
    int i,j;
    for (i=0;i<n;i++)
        row[i]=0;
    for (i=0;i<4;i++)
        col[i]=0;
    for (i=0;i<n;i++)
        for (j=0;j<4;j++)
        {
            row[i]+=a[i][j];
            col[j]+= a[i][j];
        }
    }
```

2. 从键盘上输入多个单词，输入时各单词用空格隔开，用'#'结束输入。编写一个函数，将每个单词的第一个字母转换为大写字母。在主函数中实现单词的输入。

【参考程序】

```
void fun(char str[])
{
    int i=0,j=0;
    while (str[i]!='#')
    {
        if (str[i++]==' ')
        {
            if (str[j]>='a'&&str[j]<='z')
                str[j]-=32;
            j=i;
        }
    }
}
```

3．编写函数 fun(char str[20], int num[10])。它的功能是：分别找出字符串中每个数字字符（0，1，2，3，4，5，6，7，8，9）的个数，用 num[0]来统计字符 0 的个数，用 num[1]来统计字符 1 的个数，用 num[9]来统计字符 9 的个数。字符串在主函数中输入。

【参考程序】

```
fun(char str[], int num[10])
{
    int i;
    for (i=0;i<10;i++)
        num[i]=0;
    for (i=0;str[i]!='\0';i++)
        num[str[i]-'0']++;
}
```

4．有 5 个人坐在一起，问第五个人多少岁？他说比第四个人大两岁。问第四个人的岁数，他说比第三个人大两岁。问第三个人，又说比第二人大两岁。问第二个人，说比第一个人大两岁。最后问第一个人，他说是 10 岁。请问第五个人多大？

【分析】本题可利用递归的方法来解决。递归分为递推和回溯两个阶段。

递推的过程如下。

（1）要想知道第五个人的年龄，首先要知道第四个人的年龄。

（2）要想知道第四个人的年龄，首先要知道第三个人的年龄。

（3）要想知道第三个人的年龄，首先要知道第二个人的年龄。

（4）要想知道第二个人的年龄，首先要知道第一个人的年龄。

（5）第一个人的年龄为 10 岁；此时即可向上回溯。

【参考程序】

```
int age(int n)
{
```

```
    int c;
    if(n==1)
        c=10;                          /*第 1 个人的年龄是 10 岁*/
    else
        c=age(n-1)+2;                  /*第 n 个人比第 n-1 个人大两岁*/
    return(c);
}
void main()
{
     printf("%d\n",age(5));
}
```

3.8 指　　针

1. 编写程序：输入 10 个整数到一维数组中，把该数组中所有为偶数的数，放到另一个数组中去。用指针法对数组进行访问。

【分析】利用指向数组的指针对数组元素进行访问。初始时，令指针指向数组的第一个元素，通过指针的++运算即可逐个访问数组元素。

【参考程序】

```
#include <stdio.h>
void main()
{
    int a[10],*p,*q;
    int b[10];
    for (p=a;p<a+10;p++)
           scanf("%d",p);
    for (p=a,q=b;p<a+10;p++)
           if (*p%2==0)
               *q++=*p;
    printf("the result is \n");
    for (p=b;p<q;p++)
          printf("%5d",*p);
    printf("\n");
}
```

2. 对一维数组中的 10 个整数进行操作：从第三个元素开始直到最后一个元素，依次向前移动一个位置，输出移动后的结果。用指针对数组进行访问。

【分析】将第三个元素向前移动，是指将第三个元素的值赋给数组的第二个元素。这样，数组的第二个元素的值将被覆盖。可见，当数组的元素依次向前移动时，其前面的元素逐个被覆盖。这种操作常用于删除数组中某一元素的值。

【参考程序】

```
#include <stdio.h>
void main()
{
    int a[10],*p;
    for (p=a;p<a+10;p++)
          scanf("%d",p);
    for (p=a+2;p<a+10;p++)
          *(p-1)=*p;
    printf("the result is \n");
    for (p=a;p<a+10;p++)
          printf("%5d",*p);
    printf("\n");
}
```

3. 在一个字符数组中存放“AbcDEfg”字符串，编写程序，把该字符串中的小写字母变为大写字母，把该字符串中的大写字母变为小写字母。要求用指针对字符串进行访问。

【参考程序】

```
#include <stdio.h>
void main()
{
    char a[10]="AbcDEfg",*p;
    for (p=a;*p!='\0';p++)
    {
      if(*p>='a'&& *p<='z')
          *p=*p-32;
      else
          if(*p>='A'&& *p<='Z')
              *p=*p+32;
    }
    printf("the result is:");
    puts(a);
}
```

4. 输入 5 个字符串，比较它们的大小，输出 5 个字符串中最大的字符串。要求用指针实现对字符串的访问。

【分析】在字符串之间比较大小时，不能使用 C 语言的关系运算符，如>，<等进行比较，而需调用标准字符串函数 strcmp，用于比较两个字符串的大小关系。在使用该函数时，应包含“string.h”这个头文件。

【参考程序】

```
#include <stdio.h>
#include <string.h>
void main()
{
```

```
    char a[5][20],*p;
    int i;
    for (i=0;i<5;i++)
    {
      gets(a[i]);
    }
    for (i=1,p=a[0];i<5;i++)
    {
      if (strcmp(a[i],p)>0) p=a[i];
    }
    printf("the result is :");
    puts(p);
}
```

5. 编写程序：在主函数中输入20个数到一个数组中，通过其他函数找出数组中最大值的下标并返回给主函数，在主函数中输出数组的最大值（设最大值是唯一的）。

【分析】本题需要用数组作为函数的参数。主函数将数组的首地址传递给其他函数，其他函数在访问了数组元素后，将最大值的下标作为返回值，返回给主函数。

【参考程序】

```
#include <stdio.h>
int fun(int a[],int n)
{
    int i,maxi;
    for (i=1,maxi=0;i<n;i++)
        if (a[i]>a[maxi]) maxi=i;
    return(maxi);
}
void main()
{
    int a[20],maxi;
    int i;
    for (i=0;i<20;i++)
    {
      scanf("%d",&a[i]);
    }
    maxi=fun(a,20);
    printf("the maxi is %d,the max is %d\n",maxi,a[maxi]);
}
```

6. 在主函数中有30个学生，三门课程的成绩，用二维数组存放该信息；用子函数分别进行如下的操作：①输出每门课程的平均分；②输出每门课程的最高分、最低分；③统计每门课程不及格人数。

【参考程序】

```c
#include <stdio.h>
#define N 30
void average(int a[][3],int n)
{
    int i,j;
    float ave[3],num[3];
    for (i=0;i<3;i++)
        num[i]=0.0;
    for (j=0;j<3;j++)
        for (i=0;i<n;i++)
            num[j]+=a[i][j];
    for (i=0;i<3;i++)
        ave[i]=num[i]/3;
    printf("the average is:\n");
    for (i=0;i<3;i++)
        printf("%7.2f", ave[i]);
    printf("\n");
}
void max(int a[][3],int n)
{
    int i,j;
    int max[3],min[3];
    for (j=0;j<3;j++)
    {
        max[j]=min[j]=a[0][j];
        for (i=1;i<n;i++)
        {
            if(a[i][j]>max[j])
                max[j]=a[i][j];
            if(a[i][j]<min[j])
                min[j]=a[i][j];
        }
    }
    printf("the max and min is \n");
    for (i=0;i<3;i++)
        printf("the %d course'max is %d,min is %d\n",i+1,max[i],min[i]);
}
void count(int a[][3],int n)
{
    int i,j,num[3];
    for (i=0;i<3;i++)
        num[i]=0;
    for (j=0;j<3;j++)
        for (i=0;i<n;i++)
            if (a[i][j]<60)
```

```
                num[j]++;
    for (i=0;i<3;i++)
        printf("the %d course'under 60 number is %d\n",i+1,num[i]);
}
void main()
{
    int a[N][3];
    int i,j;
    for (i=0;i<N;i++)
        for (j=0;j<3;j++)
            scanf("%d",&a[i][j]);
    average(a,N);
    max(a,N);
    count(a,N);
}
```

3.9 编译预处理

1. 编程，定义一个带参数的宏 maxd，计算从键盘输入两个数值中的最大值。

【参考程序】

```
#include <stdio.h>
#define maxd(x,y) ((x)>(y)?(x):(y))
void main()
{
    int x,y;
    printf("Please input x and y:\n");
    scanf("%d%d",&x,&y);
    printf("maxd=%d\n",maxd(x,y));
}
```

2. 编程，定义一个带参数的宏，用来判断整数 n 是否能被 5 和 7 同时整除，其中 n 是由键盘任意输入的整型数据。

【参考程序】

```
#include <stdio.h>
#define  cube(n)  (((n)%5==0)&&((n)%7==0)? 1:0)
void  main()
{
    int n,t;
    printf ("please input n:\n");
    scanf("%d",&n);
    t=cube(n);
    if (t==1)
```

```
        printf("%d 能被 5 和 7 同时整除! \n",n);
    else
        printf ("%d 不能被 5 和 7 同时整除! \n",n);
}
```

3. 编程，用条件编译方法实现：输入一行电报文字，可以任选两种输出，一为原文输出；一为将字母变成其下一字母（如'a'变成'b'，…，'z'变成'a'），其他非字母字符不变。用#define 命令来控制是否要译成密码。例如：

```
#define CHANGE      1
```

则输出密码。若

```
#define CHANGE      0
```

则不译成密码，按原码输出。

【参考程序】

```
#include "stdio.h"
#define CHANGE 1
void main()
{
    char str[81],c;
    int i=0;
    gets(str);
    while(str[i]!='\0')
    {
        #if CHANGE
            if(str[i]=='Z'||str[i]=='z')
                str[i]=str[i]-25;
            else if(str[i]>='A'&&str[i]<'Z'||str[i]>='a'&&str[i]<'z')
            str[i]=str[i]+1;
        #endif
        i++;
    }
    puts(str);
}
```

3.10　复杂数据类型

1. 编写一个函数 output，打印一个学生的成绩数组，该数组中有 5 个学生的数据记录，每个记录包括学号、姓名和三门课程成绩。在主函数中输入这些记录，用 output 函数输出这些记录。

【参考程序】

```
#include<stdio.h>
#define N 5
```

```
struct stu
{
    int num;
    char name[20];
    float score[3];
}stus[N];
void main()
{
    void output(struct stu students[]);
    int i,j;
    printf("please input array data:\n");
    for(i=0;i<N;i++)
    {
        scanf("%d%s",&stus[i].num,&stus[i].name);
        printf("please input the student's score:\n");
        for(j=0;j<3;j++)
            scanf("%f",&stus[i].score[j]);
    }
    output(stus);
}
void output(struct stu students[])
{
    int i,j;
    for(i=0;i<N;i++)
    {
        printf("%d  %s: ",students[i].num,students[i].name);
        for(j=0;j<3;j++)
            printf("%f  ",students[i].score[j]);
        printf("\n");
    }
}
```

2. 在题 1 的基础上，编写一个函数 input，用来输入 5 个学生的数据记录。

【参考程序】

```
#include<stdio.h>
#define N 5
struct stu
{
    int num;
    char name[20];
    float score[3];
}stus[N];
void main()
{
```

```
    void input(struct stu students[]);
    void output(struct stu students[]);
    input(stus);
    output(stus);
}
void output(struct stu students[])
{
    int i,j;
    for(i=0;i<N;i++)
    {
        printf("%d  %s: ",students[i].num,students[i].name);
        for(j=0;j<3;j++)
            printf("%f  ",students[i].score[j]);
        printf("\n");
    }
}
void input(struct stu students[])
{
    int i,j;
    printf("please input array data:\n");
    for(i=0;i<N;i++)
    {
        scanf("%d%s",&stus[i].num,&stus[i].name);
        printf("please input the student's score:\n");
        for(j=0;j<3;j++)
            scanf("%f",&stus[i].score[j]);
    }
}
```

3．试利用结构体类型编制一程序，实现输入一个学生的数学期中和期末成绩，然后计算并输出其平均成绩。

【参考程序】

```
#include<stdio.h>
void main()
{
    struct study
    {
        int mid;
        int end;
        int average;
    }math;
    scanf("%d%d",&math.mid,&math.end);
    math.average=(math.mid+math.end)/2;
    printf("average=%d\n",math.average);
```

```
}
```


4. 试利用指向结构体的指针编制一程序，实现输入三个学生的学号、数学期中和期末成绩，然后计算其平均成绩并输出成绩表。

【参考程序】

```
#include <stdio.h>
struct stu
{
    int num;
    int mid;
    int end;
    int ave;
}s[3];
void main()
{
    struct stu *p;
    for(p=s;p<s+3;p++)
    {
        scanf("%d %d %d",&(p->num),&(p->mid),&(p->end));
        p->ave=(p->mid+p->end)/2;
    }
    for(p=s;p<s+3;p++)
        printf("%d %d %d %d\n",p->num,p->mid,p->end,p->ave);
}
```

5. 输入10个同学的姓名、数学成绩、英语成绩和物理成绩，确定总分最高的同学，并打印其姓名及其三门课程的成绩。

【参考程序】

```
#include "stdio.h"
#include "string.h"
struct Student                          /*定义结构体 struct Student*/
{
    char Name[20];                      /*姓名*/
    float Math;                         /*数学*/
    float English;                      /*英语*/
    float Physical;                     /*物理*/
};
void main()
{
    /*定义 struct Student 类型结构体数组存储所有同学的相关信息*/
    struct Student oStudents[10]={{"",0,0,0}};
    /*定义 struct Student 类型指针存储总分最高的同学的地址信息*/
    struct Student *pMaxStu;
```

```
    struct Student *pStudent;
    float fMaxScore,fTotal;
    float fMath,fEnglish,fPhysical;
    char szName[20];
    printf("\nPlease input 10 students and there score\n");/*提示信息*/
    printf("----------------------------------------\n");
    printf("Name Math English Physical \n");
    printf("----------------------------------------\n");
    fMaxScore=0;
    pMaxStu=oStudents;
    for(pStudent=oStudents;pStudent<oStudents+10;pStudent++)
    {
        /*读入当前同学的相关信息*/
        scanf("%s %f %f %f",szName,&fMath,&fEnglish,&fPhysical);
        strcpy(pStudent->Name,szName);
        pStudent->Math=fMath;
        pStudent->English=fEnglish;
        pStudent->Physical=fPhysical;
        fTotal=pStudent->Math+pStudent->English+pStudent->Physical;
        /*获得当前最高分的同学*/
        if(fMaxScore<fTotal)
        {
            pMaxStu=pStudent;
        }
    }
        printf("----------------------------------------\n");
printf("%s,%f,%f,%f",pMaxStu->Name,pMaxStu->Math,pMaxStu->English,
pMaxStu->Physical);
}
```

3.11 文　　件

1．将文件 file1.c 的内容输出到屏幕，并复制到 file2.c 中。

【参考程序】

```
#include<stdio.h>
void main()
{
    FILE  *fp1,*fp2;
    fp1=fopen("file1.c","r");
    fp2=fopen("file2.c","w");
    while (!feof(fp1))
        putchar(getc(fp1));
    rewind (fp1);
```

```
    while (!feof(fp1))
        putc(getc(fp1),fp2);
    fclose(fp1);
    fclose(fp2);
}
```


2．统计文件 letter.txt 中小写字母 c 的个数。

【参考程序】

```
#include<stdio.h>
void main()
{
    FILE *fp;
    char ch;
    int  n=0;
    if ((fp=fopen("letter.txt","r"))==NULL)
    {
        printf("打不开文件 \n");
        exit(0);
    }
    while (!feof(fp))
    {   ch=fgetc(fp) ;
        if (ch=='c')
            n++;
    }
    printf("count=%ld\n",n);
    fclose(fp);
}
```

3．从键盘输入一个字符串，将其中的小写字母全部转换成大写字母，然后输出到一个磁盘文件 test.dat 中保存。输入的字符串以回车结束。

【参考程序】

```
#include<stdio.h>
void main()
{
    FILE *fp;
    char str[100];
    int i=0;
    if ((fp=fopen("test.dat","w"))==NULL)
    {
        printf("打不开文件 \n");
        exit(0);
    }
    printf("输入一个字符串: \n");
    gets(str);
```

```
    while (str[i]!='\0')
    {
        if (str[i]>='a'&&str[i]<='z')
            str[i]=str[i]-32;
        fputc(str[i],fp);
        i++;
    }
    fclose(fp);
    fp=fopen("test.dat","r");
    fgets(str,strlen(str)+1,fp);
    printf("%s\n",str);
    fclose(fp);
}
```

4. 有 5 个学生，每个学生有三门课的成绩，从键盘输入数据（包括学号、姓名、三门课成绩），计算出平均成绩，将原有数据和计算出的平均分数存放在磁盘文件 stud.dat 中。

【参考程序】

```
#define N 2
#include "stdio.h"
struct student
{
    char num[6];
    char name[8];
    int score[3];
    float avr;
}stu[N];
void main()
{
    int i,j,sum;
    FILE *fp;
    for (i=0;i<N;i++)
    {
        printf("\n请输入学生%d的成绩: \n",i+1);
        printf("学号: ");
        scanf("%s",stu[i].num);
        printf("姓名: ");
        scanf("%s",stu[i].name);
        sum=0;
        for (j=0;j<3;j++)
        {
            printf("成绩: %d",j+1);
            scanf("%d",&stu[i].score[j]);
            sum+=stu[i].score[j];
        }
```

```
        stu[i].avr=sum/3.0;
    }
    fp=fopen("stud.dat","wb");
    for (i=0;i<N;i++)
        if (fwrite(&stu[i],sizeof(struct student),1,fp)!=1)
            printf("file write error \n");
    fclose(fp);
}
```

3.12　综合练习 1

一、单选题（每题 2 分，共 60 分）

1．以下能正确定义整型变量 a、b 和 c 并为其赋初值 5 的语句是______。

A．int a=b=c=5;　　B．int a=5,b=5,c=5;

C．int a,b,c=5;　　D．a=b=c=5;

2．有以下程序：

```
main()
{int a[][3]={{1,2,3},{4,5,0}},(*pa)[3],i;
 pa=a;
 for(i=0;i<3;i++)
 if(i<2)
    pa[1][i]=pa[1][i]-1;
 else
    pa[1][i]=1;
 printf("%d\n",a[0][1]+a[1][1]+a[1][2]);
}
```

执行后输出结果是______。

A．无确定值　　B．7　　C．6　　D．8

3．若已定义：int a[9],*p＝a;，并在以后的语句中未改变 p 的值，不能表示 a[1]地址的表达式是______。

A．a++　　B．a+1　　C．p+1　　D．++p

4．与数学式子 3 乘以 x 的 n 次方/(2x–1)对应的 C 语言表达式是______。

A．3*x^n/(2*x–1)　　B．3*x**n/(2*x–1)

C．3*pow(n,x)/(2*x–1)　　D．3*pow(x,n)*(1/(2*x–1))

5．在 C 语言中，不正确的 int 类型的常数是______。

A．32768　　B．0　　C．0xAF　　D．037

6．以下选项中，非法的字符常量是______。

A．'\17'　　B．'\t'　　C．"\n"　　D．'\xaa'

7．若执行以下程序时从键盘上输入 9，则输出结果是______。

```
main()
{  int n;
   scanf("%d:",&n);
   if(n++<10)
      printf("%d\n",n);
   else
      printf("%d\n",n--);
 }
```

A. 10　　B. 11　　C. 9　　D. 8

8. 以下叙述中正确的是______。

A. 花括号"{"和"}"只能作为函数体的定界符

B. 构成C程序的基本单位是函数，所有函数名都可以由用户命名

C. 分号是C语句之间的分隔符，不是语句的一部分

D. C程序中注释部分可以出现在程序中任意合适的地方

9. 下面的函数调用语句中func函数的实参个数是______。

```
func(f2(v1,v2),(v3,v4,v5),(v6,max(v7,v8)));
```

A. 3　　B. 4　　C. 8　　D. 5

10. 下面4个选项中，均是合法转义字符的选项是______________。

A. '\"'　'\\'　'\n'　　B. '\018'　'\f'　'xab'

C. '\'　'\017'　'\"'　　D. '\\0'　'\101'　'x1f'

11. 下面程序段

```
x=3;
do{y=x--;
     if(!y){printf("x");break;}
     printf("#");
   }while (1<=x<=2);
```

A. 是死循环　　B. 将输出###x

C. 将输出##　　D. 含有不合法的控制表达式

12. 若有说明：int i,j=7,*p=&i;，则与 i=j;等价的语句是______。

A. i=*p;　　B. *p=*&j;　　C. i=**p;　　D. i=&j;

13. 以下程序的输出结果是______。

```
#include <string.h>
 main()
{char *a="abcdefghi";
 fun(a);puts(a);
}
fun(char  *s)
{  int x,y;  char  c;
   for (x=0,y=strlen(s)-1;  x<y;  x++,y--)
```

```
    { c=s[y]; s[y]=s[x]; s[x]=c;}
  }
```

A. ihgfefghi　　B. abcdefghi　　C. abcdedcba　　D. ihgfedcba

14. 有以下程序:

```
main()
{  int a=1,b;
  for(b=1;b<=10;b++)
  {
     if(a>=8)
       break;
     if(a%2==1)
       {a+=5;
        continue;
        }
     a-=3;
  }
  printf("%d\n",b);
}
```

程序运行后的输出结果是______。

A. 6　　B. 4　　C. 5　　D. 3

15. 有以下程序:

```
main()
{  int m=3,n=4,x;
   x=-m++;
   x=x+8/++n;
   printf("%d\n",x);
}
```

程序运行后的输出结果是______。

A. –1　　B. 5　　C. 3　　D. –2

16. 下列函数定义中，会出现编译错误的是______。

A.
```
max(int x,int y,int *z)
{*z=x>y ? x:y;}
```

B.
```
int max(int x,int y)
{ return(x>y?x:y); }
```

C.
```
max(int x,int y)
{ int z;
  z=x>y?x:y; return(z);}
```

D. int max(int x,y)

```
{  int z;
   z=x>y ? x:y;
   return z;}
```

17. 执行以下程序段后，w 的值为______。

```
int w='A',x=14,y=15;
w=((x||y)&&(w<'a'));
```

A. –1　　B. 1　　C. NULL　　D. 0

18. 若要求从键盘读入含有空格字符的字符串，应该使用函数______。

A. getchar()　　B. gets()　　C. getc()　　D. scanf()

19. 若有以下说明和语句

```
int c[4][5],(*p)[5];
p=c;
```

能够正确引用 c 数组元素的是______。

A. *(p+3)　　B. p+1　　C. *(p+1)+3　　D. *(p[0]+2)

20. 有以下程序：

```
void swap(char *x,char *y)
{  char t;
   t=*x;*x=*y;*y=t;
 }
main()
{  char *s1="abc",*s2="123";
   swap(s1,s2);
   printf("%s,%s\n",s1,s2);
}
```

程序执行后的输出结果是______。

A. 321,cba　　B. abc,123　　C. 1bc,a23　　D. 123,abc

21. 在一个 C 源程序文件中，若要定义一个只允许本源程序文件中所有函数使用的全局变量，则该变量需要使用的存储类别是______。

A. auto　　B. static　　C. extern　　D. register

22. 下列叙述中正确的是______。

A. C 语言编译时不检查语法　　B. C 语言的函数可以嵌套定义

C. C 语言的子程序有过程和函数两种　　D. C 语言的函数可以嵌套调用

23. 有以下程序：

```
main()
{  char k; int i;
   for(i=1;i<3;i++)
```

```
{  scanf("%c",&k);
   switch(k)
   {
    case '0': printf("another\n");
    case '1': printf("number\n");
    }
  }
}
```

程序运行时，从键盘输入：01↙，程序执行后的输出结果是______。

A. another
number

B. another
another

C. number
number
number
number

D. another
number
number

24. 有如下程序段：

```
int  a=14,b=15,x;
char  c='A';
x=(a && b) && (c<'B');
```

执行该程序段后，x 的值为______。

A. true　　B. 0　　C. false　　D. 1

25. 下面程序的功能是输出以下形式的金字塔图案：

```
   *
  ***
 *****
*******
```

```
main()
{ int i,j;
  for(i=1;i<=4;i++)
  {  for(j=1;j<=4-i;j++)
       printf(" ");
     for(j=1;j<=______;j++)
       printf("*");
     printf("\n");
   }
}
```

在下划线处应填入的是______。

A. 2*i+1　　B. 2*i–1　　C. i　　D. i+2

26. 可在 C 程序中用作用户标识符的一组标识符是______。

A. Hi
Dr.Tom

B. Date
y-m-d

C. and
_2007

D. case
Bigl

27. 下面函数

```
int fun1(char*x)
{  char *y=x;
   while(*y++);
   return(y-x-1);
   }
```

的功能是______。

A. 求字符串的长度

B. 将字符串 x 连接到字符串 y 后面

C. 将字符串 x 复制到字符串 y

D. 比较两个字符串的大小

28. 不能把字符串：Hello!赋给数组 b 的语句是______。

A. char b[10]="Hello!";　　B. char b[10]={'H','e','l','l','o','!','\0'};

C. char b[10]={'h','e','l','l','o','!'};　　D. char b[10];strcpy(b,"Hello!");

29. 设变量已正确定义并赋值，以下正确的表达式是______。

A. int(15.8%5)　B. x=y+z+5,++y　C. x=25%5.0　D. x=y*5=x+z

30. 下述对 C 语言字符数组的描述中错误的是______。

A. 字符数组可以存放字符串

B. 不可以用关系运算符对字符数组中的字符串进行比较

C. 可以在赋值语句中通过赋值运算符“=”对字符数组整体赋值

D. 字符数组的字符串可以整体输入、输出

二、填空题（每题 4 分，共 20 分）

1. 以下程序的输出结果是______。

```
#include<stdio.h>
main()
{   int a =252;
   printf("a=%o  a=%#o\n",a,a);
   printf("a=%x  a=%#x\n",a,a);
}
```

2. 以下程序运行后的输出结果是______。

```
main()
{ int i,n[]={0,0,0,0,0};
  for(i=1;i<=4;i++)
   { n[i]=n[i-1]*2+1;
     printf("%d ",n[i]);
   }
}
```

3. 若已经定义 int a=25,b=14,c=19;，以下三目运算符（?:）所构成的语句的执行结果

是______。

```
a++<=2&&b--<=2&&c++?printf("***a=%d,b=%d,c=%d\n",a,b,c):printf("a=%d,
b=%d,c=%d\n",a,b,c);
```

4．设有以下程序：

```
main()
{ int  a,b,k=4,m=6,*p1=&k,*p2=&m;
  a=p1==&m;
  b=(*p1)/(*p2)+7;
  printf("a=%d\n",a);
  printf("b=%d\n",b);
}
```

执行该程序后，a 的值为________，b 的值为________。

5．有 int x,y,z;且 x=3,y=−4,z=5，则以下表达式的值为____。

```
!(x>y)+(y!=z) || (x+y) && (y-z)
```

三、编程题（每题 10 分，共 20 分）

1．编写程序：读入一个整数 k(2≤k≤10 000)，打印它的所有质因子（即所有为素数的因子）。

例如，若输入整数：2310，则应输出：2,3,5,7,11。

2．编写程序：将仅在字符串 s 中出现而不在字符串 t 中出现的字符，及仅在字符串 t 中出现而不在字符串 s 中出现的字符，构成一个新字符串放在 u 中，u 中的字符按原字符串中字符顺序排列，不去掉重复字符。

例如，当 s="112345"，t="24677"时，u 中的字符串为"1135677"。

3.13　综合练习 2

一、单选题（每题 2 分，共 60 分）

1．若有以下程序：

```
main()
{int k=2,i=2,m;
 m=(k+=i*=k); printf("%d,%d\n",m,i);
}
```

执行后的输出结果是______。

A．8，3　　B．8，6　　C．6，4　　D．7，4

2．以下程序中函数 f 的功能是将 n 个字符串按由大到小的顺序进行排序。

```
#include <string.h>
void f(char p[][10],int n)
```

```
{ char t[20]; int i,j;
  for(i=0;i<n-1;i++)
   for (j=i+1;j<n;j++)
    if(strcmp(p[i],p[j])<0)
      { strcpy(t,p[i]);strcpy(p[i],p[j]);strcpy(p[j],t);}
}
main()
{char  p[][10]={"abc","aabdfg","abbd","dcdbe","cd"};int i;
 f(p,5); printf("%d\n",strlen(p[0]));
}
```

程序运行后的输出结果是______。

A. 5　　B. 3　　C. 4　　D. 6

3. 若有说明“int a[3][4];”，则对 a 数组元素的正确引用是______。

A. a[1,3]　　B. a [2][4]　　C. a[1+1][0]　　D. a(2)(1)

4. 以下不能正确表示代数式 $\frac{2ab}{cd}$ 的 C 语言表达式是______。

A. a*b/c/d*2　　B. 2*a*b/c/d　　C. a/c/d*b*2　　D. 2*a*b/c*d

5. 在 C 语言中，合法的长整型常数是______。

A. 4962710　　B. OL　　C. 324562&　　D. 216D

6. 以下关于 long、int 和 short 类型数据占用内存大小的叙述中正确的是______。

A. 根据数据的大小来决定所占内存的字节数　　B. 均占 4 个字节

C. 由用户自己定义　　D. 由 C 语言编译系统决定

7. 若执行下面程序时从键盘上输入 5，则输出是______。

```
main()
{
  int x;
  scanf("%d",&x);
  if(x++>5) printf("%d\n",x);
  else  printf("%d\n",x--);
}
```

A. 6　　B. 7　　C. 5　　D. 4

8. 以下叙述中正确的是______。

A. C 语言的源程序不必通过编译就可以直接运行

B. C 语言程序经编译形成的二进制代码可以直接运行

C. C 语言中的每条可执行语句最终都将被转换成二进制的机器指令

D. C 语言中的函数不可以单独进行编译

9. 凡是函数中未指定存储类别的局部变量，其隐含的存储类别为______。

A．自动（auto）　　B．外部（extern）

C．静态（static）　　D．寄存器（register）

10．判断 char 型变量 ch 是否为大写字母的正确表达式是______。

A．'A'<=ch<='Z'　　B．('A'<=ch) AND ('Z'>=ch)

C．(ch>='A')&&(ch<='Z')　　D．(ch>='A')& (ch<='Z')

11．以下程序中函数 sort 的功能是对 a 所指数组中的数据进行由大到小的排序。

```
void sort(int a[],int n)
{int i,j,t;
 for(i=0;i<n-1;i++)
  for(j=i+1;j<n;j++)
   if(a[i]<a[j])   {t=a[i];a[i]=a[j];a[j]=t;}
 }
main()
 {int aa[10]={1,2,3,4,5,6,7,8,9,10},i;
  sort(&aa[3],5);
  for(i=0;i<10;i++)  printf("%d,",aa[i]);
  printf("\n");
  }
```

程序运行后的输出结果是______。

A．1,2,10,9,8,7,6,5,4,3　　B．10,9,8,7,6,5,4,3,2,1

C．1,2,3,8,7,6,5,4,9,10　　D．1,2,3,4,5,6,7,8,9,10

12．若指针 p 已正确定义，要使 p 指向两个连续的整型动态存储单元，不正确的语句是______。

A．p=2*(int*)malloc(sizeof(int));　　B．p=(int*)calloc(2,sizeof(int))

C．p=(int*)malloc(2*2)　　D．p=(int*)malloc(2*sizeof(int))

13．设有定义“char p[]={'1','2','3'},*q=p;”，以下不能计算出一个 char 型数据所占字节数的表达式是______。

A．sizeof(char)　　B．sizeof(p)　　C．sizeof(*q)　　D．sizeof(p[0])

14．有以下程序：

```
main()
{ int k=4,n=0;
 for( ; n<k ; )
 { n++;
  if(n%3!=0)  continue;
  k--; }
 printf("%d,%d\n",k,n);
}
```

程序运行后的输出结果是______。

A．4,4　　B．2,2　　C．3,3　　D．1,1

15. 设有语句 int a=3;，则执行了语句 a+=a–=a*a;后，变量 a 的值是______。

A. 0　　B. 3　　C. 9　　D. –12

16. 以下程序运行后的输出结果是______。

```
#define  f(x)  (x*x)
main()
{  int  i1,i2;
i1=f(8)/f(4);   i2=f(4+4)/f(2+2);
printf("%d,%d\n",i1,i2);
}
```

A. 64,28　　B. 4,4　　C. 64,64　　D. 4,3

17. 以下程序的输出结果是______。

```
#define  SQR(X)  X*X
main()
 {  int a=16,k=2,m=1;
   a/=SQR(k+m)/SQR(k+m);
   printf("%d\n",a);
   }
```

A. 16　　B. 1　　C. 9　　D. 2

18. 以下程序的输出结果是______。

```
#include <stdio.h>
#include <math.h>
main() {
   int a=1,b=4,c=2;
   float x=10.5,y=4.0,z;
   z=(a+b)/c+sqrt((double)y)*1.2/c+x;
   printf("%f\n",z);
}
```

A. 14.000000　　B. 14.900000　　C. 13.700000　　D. 15.400000

19. 若二维数组 a 有 m 列，则在 a[i][j]前（包括 a[i][j]）的元素个数为__________。

A. i*m+j–1　　B. i*m+j　　C. j*m+i　　D. i*m+j+1

20. 有以下程序：

```
main()
{ char ch[]="uvwxyz",*pc;
  pc=ch;
  printf("%c\n",*(pc+5));
}
```

程序运行后的输出结果是______。

A. z　　B. 元素 ch[5]的地址

C．0　　D．字符 y 的地址

21．假定以下程序经编译和链接后生成可执行文件 PROG.EXE，如果在此可执行文件所在目录的 DOS 提示符下输入：PROG ABCDEFGHIJKL↙，则输出结果为______。

```
main(int  argc, char *argv[])
{  while(--argc>0) printf("%s",argv[argc]);
   printf("\n");
}
```

A．ABCDEFG　　B．IJKLABCDEFGH

C．ABCDEFGHIJKL　　D．IJHL

22．在一个 C 语言程序中______。

A．main 函数必须出现在所有函数之前　　B．main 函数必须出现在固定位置

C．main 函数必须出现在所有函数之后　　D．main 函数可以在任何地方出现

23．有以下程序：

```
main()
{  int a=15,b=21,m=0;
   switch(a%3)
    {
      case 0:m++;break;
      case 1:m++;
      switch(b%2)
        {
          default:m++;
          case 0:m++;break;
        }
     }
   printf("%d\n",m);
}
```

程序运行后的输出结果是______。

A．1　　B．3　　C．2　　D．4

24．C 源程序中不能表示的数制是______。

A．二进制　　B．十六进制　　C．十进制　　D．八进制

25．以下程序的输出结果是______。

```
main()
{  int i,k,a[10],p[3];
   k=5;
   for(i=0;i<10;i++)
      a[i]=i;
   for(i=0;i<3;i++)
      p[i]=a[i*(i+1)];
   for(i=0;i<3;i++)
```

```
        k+=p[i]*2;
    printf("%d\n",k);
  }
```

A. 23　　B. 21　　C. 22　　D. 20

26. 以下 4 组用户定义标识符中，全部合法的一组是______。

①	②	③	④
_main	If	txt	int
enclude	-max	REAL	k_2
sin	turbo	3COM	_001

A. ②　　B. ①　　C. ③　　D. ④

27. 以下程序的输出结果是______。

```
int x=3;
main()
{ int i;
  for(i=1;i<x;i++) incre();
}
incre()
{  static int x=1;
   x*=x+1;
  printf(" %d",x);
}
```

A. 3　3　　B. 2　5　　C. 2　6　　D. 2　2

28. 设有

```
static char str[]="Beijing";
```

则执行

```
printf("%d\n",strlen(strcpy(str,"China")));
```

后的输出结果为______。

A. 14　　B. 7　　C. 12　　D. 5

29. 若以下选项中的变量已正确定义，则正确的赋值语句是______。

A. x1=26.8%3;　　B. 1+2=x2;

C. x3=0x12;　　D. x4=1+2=3;

30. 有如下程序：

```
main()
{
    int  a[3][3] = {{1,2},{3,4},{5,6}}, i,j,s = 0;
    for(i = 1; i < 3; i++)
       for(j = 0; j <= i; j++)
           s += a[i][j];
```

```
    printf("%d\n",s);
}
```

该程序的输出结果是______。

A．18　　B．19　　C．21　　D．20

二、填空题（每题 4 分，共 20 分）

1．若有以下程序：

```
int  f(int  x,int  y)
{   return(y-x)*x;  }
main()
{  int  a=3,b=4,c=5,d;
   d=f(f(3,4),f(3,5));
   printf("%d\n",d);
}
```

执行后输出结果是______。

2．在 C 语言中，二维数组的定义方式为：int n=10 ,a[n][n];，这个定义是否正确。______

3．假设所有变量均为整型，表达式(a=2, b=5, a＞b ? a++: b++, a+b)的值是：______。

4．以下程序的输出结果是______。

```
main()
{ int  a=177;
  printf("%o\n",a);
}
```

5．条件“2<x<3 或 x<–10”的 C 语言表达式是______。

三、C 语言（每题 10 分，共 20 分）

1．编写程序：读入一个整数 m（4≤m≤10），例如 4，程序将自动在 a[0]～a[3] 4 个数组元素中分别放入 1　4　9　16，且按逆序输出此 4 个元素：16　9　4　1。

2，编写程序：分别统计字符串中大写字母和小写字母的个数。

例如，给字符串 ss 输入：AaaaBBb123CCccccd，则输出结果应为：upper = 5，lower = 9。

3.14　综合练习 3

一、单选题（每题 2 分，共 60 分）

1．以下程序的输出结果是______。

```
union myun
{ struct
   { int x,y,z;}u;
   int  k;
}a;
main()
{ a.u.x=4;a.u.y=5;a.u.z=6;
  a.k=0;
```

```
  printf("%d\n",a.u.x);
}
```

A．4　　B．6　　C．5　　D．0

2．以下程序中函数 sort 的功能是对 a 所指数组中的数据进行由大到小的排序。

```
void sort(int a[],int n)
{int i,j,t;
  for(i=0;i<n-1;i++)
    for(j=i+1;j<n;j++)
      if(a[i]<a[j])
        {t=a[i];a[i]=a[j];a[j]=t;}
 }
main()
  {int aa[10]={1,2,3,4,5,6,7,8,9,10},i;
   sort(&aa[3],5);
   for(i=0;i<10;i++)  printf("%d,",aa[i]);
   printf("\n");
   }
```

程序运行后的输出结果是______。

A．1,2,3,8,7,6,5,4,9,10　　B．10,9,8,7,6,5,4,3,2,1

C．1,2,3,4,5,6,7,8,9,10　　D．1,2,10,9,8,7,6,5,4,3

3．有以下程序：

```
#include <stdio.h>
main()
{    int a[]={1,2,3,4},y,*p=&a[3];
     --p; y=*p; printf("y=%d\n",y);
}
```

程序的运行结果是______。

A．y=1　　B．y=0　　C．y=2　　D．y=3

4．已知 ch 是字符型变量，下面正确的赋值语句是______。

A．ch='123';　　B．ch='\08';　　C．ch='\xff';　　D．ch='\'

5．C 语言运算对象必须是整型的运算符是______。

A．%　　B．=　　C．/　　D．<=

6．在说明语句：int *f();中，标识符 f 代表的是______。

A．一个返回值为指针型的函数名　　B．一个用于指向一维数组的行指针

C．一个用于指向函数的指针变量　　D．一个用于指向整型数据的指针变量

7．有以下程序：

```
main()
{ int a=5,b=4,c=3,d=2;
  if(a>b>c)
```

```
    printf("%d\n",d);
 else if((c-1>=d)==1)
    printf("%d\n",d+1);
 else
    printf("%d\n",d+2);
}
```

执行后输出的结果是______。

A. 3　　B. 2　　C. 4　　D. 编译时有错，无结果

8. 以下叙述中错误的是______。
   A. 计算机不能直接执行用 C 语言编写的源程序
   B. 后缀为.obj 的文件，经链接程序生成后缀为.exe 的文件是一个二进制文件
   C. C 程序经 C 编译程序编译后，生成后缀为.obj 的文件是一个二进制文件
   D. 后缀为.obj 和.exe 的二进制文件都可以直接运行
9. 以下不正确的说法为______。
   A. 在不同函数中可以使用相同名字的变量
   B. 在函数内定义的变量只在本函数范围内有效
   C. 形式参数是局部变量
   D. 在函数内的复合语句中定义的变量在本函数范围内有效
10. 下列关于单目运算符++、--的叙述中正确的是______。
   A. 它们的运算对象可以是任何变量和常量
   B. 它们的运算对象可以是 char 型变量、int 型变量和 float 型变量
   C. 它们的运算对象可以是 int 型变量，但不能是 double 型变量和 float 型变量
   D. 它们的运算对象可以是 char 型变量和 int 型变量，但不能是 float 型变量
11. 有如下程序：

```
main()
{
int  n[5] = {0,0,0},i,k = 2;
for(i = 0; i < k; i++)  n[i] = n[i] + 1;
printf("%d\n",n[k]);
}
```

该程序的输出结果是______。

A. 2　　B. 不确定的值　　C. 1　　D. 0

12. 有以下程序：

```
main()
{char  s[]={"aeiou"},*ps;
 ps=s;  printf("%c\n",*ps+4);
}
```

程序运行后输出的结果是______。

A. a　　B. e　　C. u　　D. 元素 s[4]的地址

13. 指针 s 所指字符串的长度为______。

```
char*s="\t1Name\\Address\n";
```

A. 说明不合法　　B. 19　　C. 15　　D. 18

14. 有以下程序：

```
main()
{ int k=4,n=0;
  for( ; n<k ; )
  { n++;
    if(n%3!=0)  continue;
    k--; }
  printf("%d,%d\n",k,n);
}
```

程序运行后的输出结果是______。

A. 4,4　　B. 2,2　　C. 3,3　　D. 1,1

15. 若变量已正确定义并赋值，下面符合 C 语言语法的表达式是______。

A. a=b=c+2　　B. a:=b+1　　C. int 18.5%3　　D. a=a+7=c+b

16. 有以下程序：

```
#include   <stdio.h>
#define   N     5
#define   M     N+1
#define   f(x)  (x*M)
main()
{ int  i1,i2;
  i1=f(2);
  i2=f(1+1);
  printf ("%d  %d\n",i1,i2);
}
```

程序的运行结果是______。

A. 12　7　　B. 11　7　　C. 11　11　　D. 12　12

17. 执行以下程序段后，w 的值为______。

```
int w='A',x=14,y=15;
w=((x||y)&&(w<'a'));
```

A. –1　　B. 1　　C. NULL　　D. 0

18. 请读以下程序：

```
#include <stdio.h>
#include <string.h>
```

```
main()
{
  char *s1="AbCdEf",  *s2="aB";
  s1++;  s2++;
  printf("%d\n",strcmp(s1,s2) );
}
```

上面程序的输出结果是______。

A. 正数　　B. 负数　　C. 零　　D. 不确定的值

19. 以下不能对二维数组 a 进行正确初始化的语句是________。

A. int a[2][3]={0};

B. int a[][3]={{1,2},{0}};

C. int a[][3]={1,2,3,4,5,6};

D. int a[2][3]={{1,2},{3,4},{5,6} };

20. 下面程序的输出是______。

```
char s[]="ABCD";
main()
{  char *p;
   for(p=s;p<s+4;p++)
      printf("%s\n",p);
}
```

①	②	③	④
ABCD	A	D	ABCD
BCD	B	C	ABC
CD	C	B	AB
D	D	A	A

A. ②　　B. ①　　C. ③　　D. ④

21. 已知：char a[3][10]={"BeiJing","ShangHai","TianJin"};，不能正确显示字符串"ShangHai"的语句是______。

A. printf("%s",a+1);　　B. printf("%s",*(a+1));

C. printf("%s",*a+1);　　D. printf("%s",&a[1][0]);

22. 以下叙述中正确的是______。

A. C 语言中的文件是流式文件，因此只能顺序存取数据

B. 当对文件的读（写）操作完成之后，必须将它关闭，否则可能导致数据丢失

C. 在一个程序中当对文件进行了写操作后，必须先关闭该文件然后再打开，才能读到第一个数据

D. 打开一个已存在的文件并进行写操作后，原有文件中的全部数据必定被覆盖

23. 有以下程序：

```
main()
{ int i;
  for(i=0;i<3;i++)
```

```
    switch(i)
    {
      case 0:printf("%d",i);
      case 2:printf("%d",i);
      default:printf("%d",i);
    }
}
```

程序运行后的输出结果是______。

A. 022111　　B. 021021　　C. 012　　D. 000122

24. 已知字母 A 的 ASCII 码为十进制数 65，且 c2 为字符型，则执行语句 c2='A'+'6'–'3';后，c2 中的值为________。

A. D　　B. 68　　C. C　　D. 不确定的值

25. 有以下程序：

```
main()
{ int k=5, n=0;
  do
  {switch(k)
   {case 1:    case 3:  n+=1;  k--;  break;
    default:  n=0;  k--;
    case 2:    case 4:  n+=2;  k--; break;
   }
  printf("% d",n);
  }while(k>0 && n<5);
}
```

程序运行后的输出结果是______。

A. 2356　　B. 0235　　C. 02356　　D. 235

26. 以下叙述中不正确的是______。

A. C 语言中的文本文件以 ASCII 码形式存储数据
B. C 语言中对二进制位的访问速度比文本文件快
C. C 语言中，顺序读写方式不适用于二进制文件
D. C 语言中，随机读写方式不适用于文本文件

27. 有以下程序：

```
main()
{ int k=4,n=0;
  for( ; n<k ; )
  { n++;
    if(n%3!=0)  continue;
    k--; }
  printf("%d,%d\n",k,n);
}
```

程序运行后的输出结果是______。

A. 4,4　　B. 2,2　　C. 3,3　　D. 1,1

28. 下面各语句行中，能正确给字符串进行赋值操作的语句行是______。

A. char *s;　scanf("%s",*s);

B. char s[5]={'A','B','C','D','E'};

C. char *s="ABCDE";

D. char st[4][5]={"ABCDE"};

29. 若以下选项中的变量已正确定义，则正确的赋值语句是______。

A. xl=26.8%3;　　B. 1+2=x2;

C. x3=0x12;　　D. x4=1+2=3;

30. 下面程序段的运行结果是______。

```
char c[]="\t\v\\\0will\n";
printf ("%d", strlen (c ));
```

A. 字符串中有非法字符，输出值不确定　　B. 14

C. 3　　D. 9

二、填空题（每题 4 分，共 20 分）

1. 已有定义“int d=18;”，执行以下语句后的输出结果是______。

```
printf("*d(1)=%d*d(2)=%3d*d(3)=%-3d*\n",d,d,d);
```

2. 设已有说明：static char c1[10],c2[10];，下面程序片段是否合法？

```
c1={"book"}; c2=c1;
```

3. 若有定义“char c='\010';”，则变量 c 中包含的字符个数为______。

4. 假设变量 a 和 b 均为整型，以下语句可以不借助任何变量把 a、b 中的值进行交换，请填空。

a+=__________;b=a–__________;a– =__________;

5. 若 a=11,b=4,c=3，则表达式!(a<b) || !c &1 的值是______。

三、编程题（每题 10 分，共 20 分）

1. 函数 fun 的功能是：把主函数中输入的三个数，最大的放在 a 中，最小的放在 c 中。例如，输入的数为：55　12　34，输出结果应当是：a=55.0,b=34.0,c=12.0。

2. 程序的功能是从字符串 s 尾部开始，按逆序把相邻的两个字符交换位置，并依次把每个字符紧随其后重复出现一次，放在一个新串 t 中。

例如，当 s 中的字符串为"12345"时，则 t 中的字符串应为"4455223311"。

3.15　综合练习 4

一、单选题（每题 2 分，共 60 分）

1. 以下程序的输出结果是______。

```
main()
{ int  a=5,b=4,c=6,d;
  printf("%d\n",d=a>c?(a>c?a:c):(b));
}
```

A．5　　　B．4　　　C．6　　　D．不确定

2．设变量已正确定义，则以下能正确计算 f=n!的程序段是______。

A．f=1; for(i=n;i>1;i++)　f*=i;　　　B．f=1; for(i=1;i<n;i++)　f*=i;

C．f=0; for(i=1;i<=n;i++)　f*=i;　　　D．f=1; for(i=n;i>=2;i--)　f*=i;

3．以下函数返回 a 所指数组中最小值所在的下标值。

```
fun(int  *a,int  n)
{
    int  i,j = 0,p;
    p = j;
    for( i = j; i < n; j++)
        if(a[i] < a[p])______;
    return(p);
}
```

在下划线处应填入的是______。

A．i=p　　　B．p=j　　　C．a[p]=a[i]　　　D．p=i

4．若 x 是整型变量，pb 是基类型为整型的指针变量，则正确的赋值表达式是______。

A．*pb=&x;　　　B．pb=x;　　　C．pb=&x;　　　D．*pb=*x

5．以下 4 个选项中，不能看作一条语句的是______。

A．{;}　　　B．a=0,b=0,c=0;

C．if(b==0)m=1;n=2;　　　D．if(a>0);

6．下列定义变量的语句中错误的是______。

A．double　int_;　　　B．char　ffor;　　　C．float　US$;　　　D．int　_int;

7．设变量 x 和 y 均已正确定义并赋值。以下 if 语句中，在编译时将产生错误信息的是______。

A．if(x>y && y!=0);　　　B．if(x++);

C．if(x>0) x--;
　　else　y++;
　　else　x++;

D．if(y<0) {;}

8．设有以下定义：

```
int  a=1;
double  b=3.5;
char c='B';
#define    d    3
```

则以下语句中错误的是______。

A．a++;　　　B．b++;　　　C．c++;　　　D．d++;

9．以下所列的各函数声明中，正确的是______。

A．void play(var a:Integer,var b:Integer)

B．Sub play(a as integer,b as integer)

C．void play(int a,int b)

D．void play(int a,b)

10．下列运算符中优先级最高的是______。

A．<　　B．!=　　C．&&　　D．+

11．有如下程序：

```
main()
{   int   i,sum;
    for(i=1;i<=3;sum++)  sum +=i;
    printf("%d\n",sum);
}
```

该程序的执行结果是______。

A．3　　B．6　　C．死循环　　D．0

12．若有说明语句：double *p,a;，则能通过 scanf 语句正确给输入项读入数据的程序段是______。

A．p=&a; scanf("%lf",p);　　B．*p=&a; scanf("%f",p);

C．p=&a; scanf("%lf",*p);　　D．*p=&a; scanf("%lf",p);

13．以下正确的字符串常量是______。

A．Olympic Games　　B．'abc'　　C．"\\\"　　D．""

14．有以下程序：

```
main()
{ int a=1,b;
  for(b=1;b<=10;b++)
  {  if(a>=8) break;
  if(a%2==1){a+=5;continue;}
  a-=3;
  }
  printf("%d\n",b);
}
```

程序运行后的输出结果是______。

A．6　　B．4　　C．5　　D．3

15．假定 X 和 Y 为 double 型，则表达式 X=2,Y=X+3/2 的值是______。

A．3　　B．3.500000　　C．2.000000　　D．3.000000

16．有如下程序：

```
#define  N  2
#define  M  N+1
#define  NUM2 *M+1
main()
{
```

```
int  i;
for(i = 1; i <= NUM; i++)
  printf("%d\n",i);
}
```

该程序中的 for 循环执行的次数是______。

A. 8　　B. 6　　C. 7　　D. 5

17. 以下程序的输出结果是______。

```
#define  SQR(X)  X*X
main()
{
  int a=16,k=2,m=1;
  a/=SQR(k+m)/SQR(k+m);
   printf("%d\n",a);
  }
```

A. 16　　B. 1　　C. 9　　D. 2

18. 以下程序的输出结果是______。

```
#include <stdio.h>
#include <math.h>
main()
 {
   int a=1,b=4,c=2;
   float x=10.5,y=4.0,z;
   z=(a+b)/c+sqrt((double)y)*1.2/c+x;
   printf("%f\n",z);
  }
```

A. 15.400000　　B. 14.000000　　C. 13.700000　　D. 14.900000

19. 若有说明“int a[3][4];”，则对 a 数组元素的正确引用是________。

A. a[1+1][0]　　B. a(2)(1)　　C. a[1,3]　　D. a [2][4]

20. 有以下程序：

```
main()
{ char ch[]="uvwxyz",*pc;
  pc=ch; printf("%c\n",*(pc+5));
}
```

程序运行后的输出结果是______。

A. 字符 y 的地址　　B. 0

C. 元素 ch[5]的地址　　D. z

21. 已知“char s[6],*ps=s;”，则正确的赋值语句是______。

A. s="12345";　　B. *s="12345";

C. ps="12345";　　D. *ps="12345";

22．有以下程序段：

```
FILE*fp;
fp=fopen("al","r");
```

其表示为________。

A．定义了一个普通指针，函数值给指针赋值

B．定义了一个文件 al

C．打开一个文件，该文件可读可写

D．打开一个文件，该文件只能读不能写

23．有以下程序：

```
main()
{  int c;
   while((c=getchar() )!='\n') {
      switch(c-'2') {
         case 0: case 1: putchar(c+4);
         case 2:putchar(c+4);break;
         case 3:putchar(c+3);
         default:putchar(c+2);break; }
   }
}
```

从第一列开始输入以下数据，↙代表一个回车符。

2473↙

程序的输出结果是______。

A．6688766　　B．668966　　C．66778777　　D．668977

24．设有说明语句“char　a = '\72';”，则变量 a ______。

A．包含三个字符　　B．包含两个字符

C．包含一个字符　　D．说明不合法

25．有以下程序：

```
main()
{  int x=100, a=10, b=20, ok1=5, ok2=0;
   if(a<b)
     if(b!=15)
       if(!ok1)
             x=1;
       else if(ok2)
             x=10;
   x=-1;
   printf("%d\n",x);
 }
```

程序的输出是______。

A．-1　　B．0　　C．1　　D．不确定的值

26．以下 4 组用户定义的标识符中，全部合法的一组是______。

①	②	③	④
_main	If	txt	int
enclude	–max	REAL	k_2
sin	turbo	3COM	_001

A．② B．④ C．① D．③

27．若 i 为整型变量，则以下循环执行次数是________。

```
for (i=2;i==0;) printf ("%d", i--);
```

A．无限次 B．一次 C．0 次 D．两次

28．下列选项中正确的语句组是______。

A．char s[8]; s={"Beijing"} B．char s[8]; s="Beijing"

C．char *s; s={"Beijing"} D．char *s; s="Beijing"

29．设变量已正确定义并赋值，以下正确的表达式是______。

A．int(15.8%5) B．x=y*5=x+z C．x=y+z+5,++y D．x=25%5.0

30．有以下程序：

```
#include <stdio.h>
main()
{   int a[]={1,2,3,4},y,*p=&a[3];
    --p; y=*p; printf("y=%d\n",y);
}
```

程序的运行结果是______。

A．y=2 B．y=3 C．y=1 D．y=0

二、填空题（每题 4 分，共 20 分）

1．以下程序运行后的输出结果是______。

```
main()
{char c;  int n=100;
    float f=10;  double x;
    x=f*=n/=(c=50);
    printf("%d%f\n",n,x);
}
```

2．下列程序段的输出结果是______。

```
main()
{  char b[]="Hello,you";
   b[5]=0;
   printf("%s\n",b);
}
```

3．若 s 是 int 型变量，且 s=6，则下面表达式的值为______。

```
s%2+(s+1)%2
```

4．以下程序的输出结果是______。

```
#include<stdio.h>
main()
{   int a =111;
    printf("a=%o  a=%#o\n",a,a);
    printf("a=%x  a=%#x\n",a,a);
}
```

5．若 a=l,b=2,c=3,d=4，则表达式 a>b?a:c>d?c:d 的值是______。

三、编程题（每题 10 分，共 20 分）

1．程序中函数 f 的功能是：计算函数 F(x,y,z)=(x+y)/(x–y)+(z+y)/(z–y)的值。其中 x 和 y 的值不等，z 和 y 的值不等。

例如，当 x 的值为 9、y 的值为 11、z 的值为 15 时，函数值为–3.50。

2．统计指定字符在字符串 a 中出现的次数，统计的数据存到 b 数组中。其中：字符'z'出现的次数存放到 b[0]中，字符'y'出现的次数存放到 b[1]中，字符'x'出现的次数存放到 b[2]中，字符'w'出现的次数存放到 b[3]中，字符'v'出现的次数存放到 b[4]中，其他字符出现的次数存到 b[5]中。

例如，当 a 中的字符串为"yyzxxwly+wvp"时，调用该函数后，b 中存放的数据应是：1、3、2、2、1、3。

附录 A　课程设计报告格式

重慶理工大學

课程设计报告

（C 语言程序设计）

题目＿图书信息管理系统＿
＿的设计与实现＿

学　　院＿＿＿＿＿＿＿＿＿＿
专　　业＿＿＿＿＿＿＿＿＿＿
班　　级＿＿＿＿＿＿＿＿＿＿
学生姓名＿＿＿＿＿＿学号＿＿＿＿＿
指导教师＿＿＿＿＿＿＿＿＿＿
时　　间＿＿＿＿＿＿＿＿＿＿

1 需求分析

1.1 课程设计题目

设计并实现一个图书信息管理系统。图书信息包括编号、书名、作者名、图书分类号、出版单位、出版时间、单价等。该系统实现以下功能。

（1）系统以菜单方式工作：要求界面清晰，友好，美观，易用。

（2）图书信息导入功能：可从磁盘文件导入图书的信息。

（3）浏览：能显示所有图书的信息，显示格式清晰、美观。

（4）图书信息添加：可添加新的图书信息，并在添加信息后实现信息存盘。

（5）图书信息修改、删除：输入图书编号，对相应的图书进行修改或删除，并在修改或删除后实现信息存盘。

1.2 系统功能需求

根据题目的描述，将图书信息管理系统的功能分解为以下几大模块。

（1）图书基本信息录入。对新到图书馆的图书的信息（编号、书名、出版社、作者、价格）进行录入；并在录入后进行存盘操作。

（2）图书基本信息显示。显示已被录入图书的所有信息。

（3）图书基本信息删除。通过输入书名，查询该图书是否存在，若存在，则可删除该图书信息；若未查询到相关信息，提示该图书不存在；删除后应进行存盘操作。

（4）图书基本信息修改。通过输入书名，查询该图书是否存在，若存在，则可对图书各项信息进行修改；若未查询到相关信息，提示该图书不存在；修改后应进行存盘操作。

（5）图书基本信息查询。

① 根据图书的编号进行查询。

② 根据作者进行查询。

③ 根据书名进行查询。

将查询到的图书信息，包括编号、书名、出版社、作者、价格等显示在屏幕上。如未查询到相关信息，提示该图书不存在。

（6）退出系统：退出图书信息管理系统。

2 系统设计

2.1 功能模块图

本系统的功能模块图如图 A.1 所示。

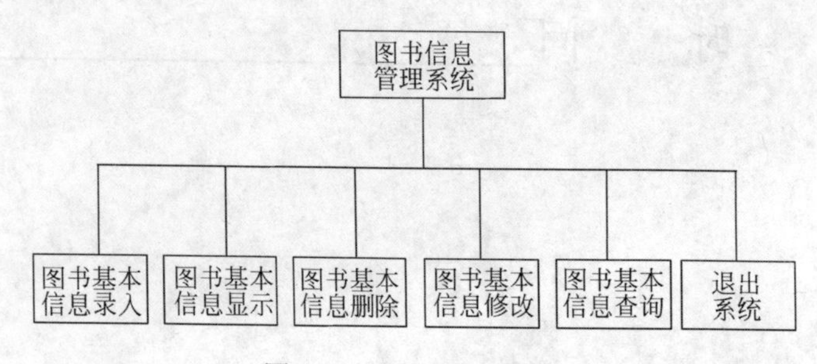

图 A.1　系统功能模块图

2.2 数据定义

本系统的数据可采用结构数组来处理。由于图书数量未知，故在定义数组长度时应适当估计其大小。由于各功能模块都需要对图书信息进行读取，为避免频繁参数传递，可将结构数组定义为全局数组。因此本系统的主要数据定义如下。

```
#define NUM 1000
typedef struct book
{
    char no[6];
    char bookname[21];
    char name[9];
    char tpno[7];
    char publish[21];
    int year,month,day;
    float price;
}BOOK;
BOOK books[NUM];
```

2.3 关键技术分析

（1）在程序开始运行时，应调用自定义的 load()函数，将磁盘文件（bookinfo.txt）的数据导入到结构数组中。考虑到第一次使用本系统时，并无任何录入的数据，因此数据文件不存在。所以，在 load 函数中应对磁盘文件进行判断：如果磁盘文件不存在，无法打开，则新建立一个数据文件；否则即打开文件进行数据导入。

（2）在进行数据导入时，由于无法预知原始数据的个数，因此导入时应设一个计数器 booknum，用于记录从文件中导入的图书信息数目；由于各模块都需要根据 booknum 对图书信息进行访问，为避免频繁传递参数，因此将 booknum 定义为全局变量。注意，在对图书信息进行添加、删除操作时，booknum 的数量会发生相应的改变。

同时应注意到由于采用了结构数组，使数据集常常处于空闲（图书数量少于 1000 本）或者是不够（图书数量超过 1000 本）的状态。这是本案例中使用结构数组所引发的问题。要更好地解决这一问题，采用动态内存分配的方式，用单链表来存放图书信息应该是更合理的解决方案。关于这一点，本案例中不再详述，请读者自行分析其差别，进行改进。

（3）在删除或修改指定图书信息时，需要先进行信息的查询，因此，需要先调用查询功能模块 search()，按编号（或其他查询方式）找到该图书，再进行下一步的操作。

（4）系统中应编写存盘函数 save()，在删除或修改图书信息后，应由程序自动调用 save()函数，将结构数组的数据保存到磁盘文件，以便文件中的数据及时更新。

（5）采用循环结构生成主菜单，在数据输入时应该有清晰的提示信息，以方便用户的操作，对输出数据进行格式控制，以使界面更加美观、清晰。

3 系统实现

3.1 功能模块设计

根据系统分析的结论，将本系统需完成的功能模块划分如下：

```
void view();                          //图书信息浏览
void add();                           //图书信息添加
void update();                        //图书信息修改
void dele();                          //图书信息删除
void search();                        //图书信息查询
void load();                          //图书信息导入
void save();                          //图书信息存盘
void prna(int pos);                   //打印单条记录
void searchmenu();                    //查询子菜单
int sname();                          //按作者查询
int spublish();                       //按出版社查询
int sbookname();                      //按书名查询
void mainmenu();                      //主菜单
```

3.2 源代码

……

4 系统测试

4.1 主界面

系统主界面如图 A.2 所示。

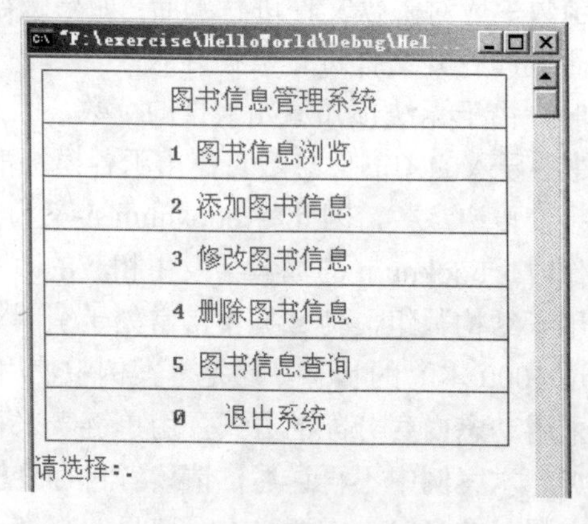

图 A.2　系统运行主窗口

4.2 图书信息浏览模块

在主菜单的提示下选择 1，可显示所有图书信息。在初次使用系统时，由于没有磁盘文件信息可以导入，浏览图书信息时系统会提示“无图书信息”，如图 A.3（a）所示。有图书信息时的浏览窗口如图 A.3（b）所示。

4.3 添加图书信息模块

添加图书信息模块如图 A.4 所示。在主菜单提示下选择 2，接着按提示录入新的图书信息，录入结束后进行存盘操作。通过图书信息浏览，可观察到新的图书记录已被添加。同时，再次进入系统时，可观察到导入的磁盘文件信息中，包括新的图书信息，说明存盘操作已成功。

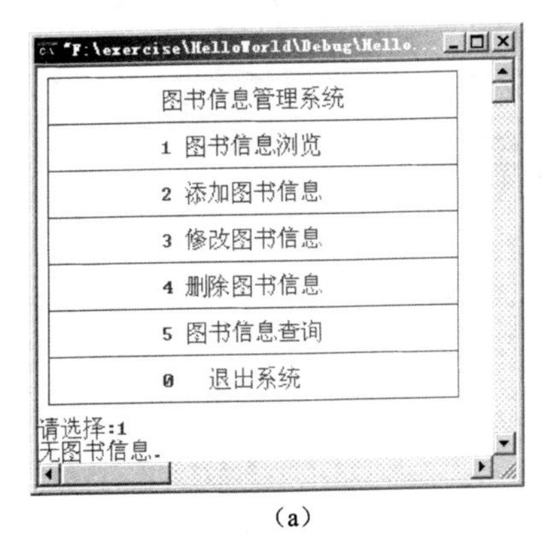

(a)

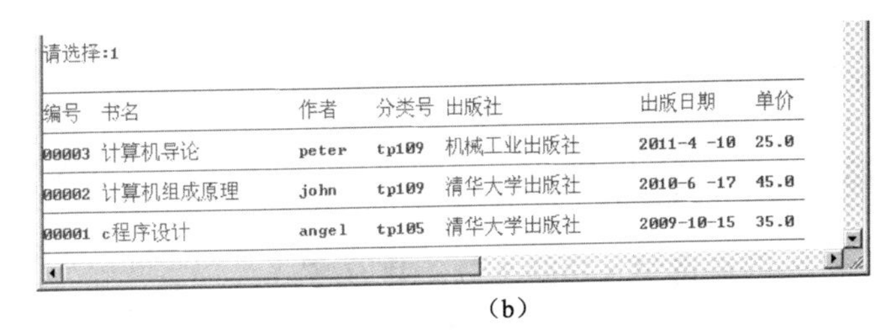

(b)

图 A.3 图书信息浏览结果

```
请选择:2
请输入图书信息:
图书编号:00004
图书名:计算机基础
作者:candy
出版社:清华大学出版社
分类号:tp103
出版日期(年 月 日):2012 1 10
价格:25
已进行存盘操作!
```

图 A.4 添加图书信息界面

4.4 修改图书信息模块

......

5 工作总结

5.1 系统工作总结

5.2 心得体会

附录B 综合练习答案

综合练习 1

一、单选题（每题 2 分，共 60 分）

1	2	3	4	5	6	7	8	9	10	11	12	13	14	15
B	B	A	D	A	C	A	D	A	A	B	B	D	B	D
16	17	18	19	20	21	22	23	24	25	26	27	28	29	30
D	B	B	D	C	B	D	D	D	B	C	A	C	B	C

二、填空题（每题 4 分，共 20 分）

1．a=374　a=0374

a=fc　a=0xfc

2．1 3 7 15

3．a=26,b=14,c=19

4．0

7

5．1

三、编程题（每题 10 分，共 20 分）

1．参考程序：

```
#include <stdio.h>
#include <math.h>
int isalp(int x)
{
    int i;
    int k=(int)sqrt(x);
    for(i=2;i<=k;i++)
    {
        if(x%i==0)
        {
            break;
        }
    }
    if(i>k)
        return 1;
    else
```

```
        return 0;
}
void main()
{
    int k,x;
    scanf("%d",&k);
    for(x=2;x<=k;x++)
    {
        if(k%x==0)
        {
            if(isalp(x)==1)
            {
                printf("%d,",x);
            }
        }
    }
    putchar('\n');
}
```

2. 参考程序：

```
#include <stdio.h>
void main()
{
    char s[1024],t[1024],u[2048];
    char f[1024];
    int k,i,j;
    gets(s);
    gets(t);
    i=0;
    k=0;
    while(s[i]!='\0')
    {
        j=0;
        while(t[j]!='\0')
        {
            if(s[i]==t[j])
            {
                f[j]='*';
                break;
            }
            j++;
        }
        if(t[j]=='\0')
        {
            u[k++]=s[i];
        }
        i++;
    }
```

```
    i=0;
    while(t[i]!='\0')
    {
        if(f[i]!='*')
            u[k++]=t[i];
        i++;
    }
    u[k]='\0';
    puts(u);
}
```

综合练习 2

一、单选题（每题 2 分，共 60 分）

1	2	3	4	5	6	7	8	9	10	11	12	13	14	15
C	A	C	D	B	D	A	C	A	C	C	A	B	C	D
16	17	18	19	20	21	22	23	24	25	26	27	28	29	30
D	D	C	D	A	C	D	A	A	B	B	C	D	B	A

二、填空题（每题 4 分，共 20 分）

1. 9
2. 否
3. 8
4. 261
5. x>2&&x<3||x<-10

三、编程题（每题 10 分，共 20 分）

1. 参考程序：

```
#include <stdio.h>
void main()
{
    int a[10];
    int m,i;
    scanf("%d",&m);
    a[0]=1;
    for(i=1;i<m;i++)
    {
        a[i]=a[i-1]+2*i+1;
    }
    for(i=m-1;i>=0;i--)
    {
        printf("%d ",a[i]);
    }
}
```

2．参考程序：

```
#include <stdio.h>
void main()
{
    int upper=0,lower=0;
    char ss[1024];
    int i=0;
    gets(ss);
    while(ss[i]!='\0')
    {
        if(ss[i]>='a'&&ss[i]<='z')
            lower++;
        else if(ss[i]>='A'&&ss[i]<='Z')
                upper++;
        i++;
    }
    printf("upper=%d,lower=%d",upper,lower);
}
```

综合练习 3

一、单选题（每题 2 分，共 60 分）

1	2	3	4	5	6	7	8	9	10	11	12	13	14	15
D	A	D	C	A	A	A	D	D	B	D	B	C	C	A
16	17	18	19	20	21	22	23	24	25	26	27	28	29	30
B	B	A	D	B	C	B	D	A	D	C	C	C	C	C

二、填空题（每题 4 分，共 20 分）

1．*d(1)=18*d(2)= 18*d(3)=18*

2．否

3．1

4．b

b

b

5．1

三、编程题（每题 10 分，共 20 分）

1．参考程序：

```
#include <stdio.h>
void fun(float *a,float *b,float *c)
{
    float t;
```

```
    if(*a<*b)
    {
        t=*a;
        *a=*b;
        *b=t;
    }
    if(*a<*c)
    {
        t=*a;
        *a=*c;
        *c=t;
    }
    if(*b<*c)
    {
        t=*b;
        *b=*c;
        *c=t;
    }
}
void main()
{
    float a,b,c;
    scanf("%f%f%f",&a,&b,&c);
    fun(&a,&b,&c);
    printf("a=%.1f,b=%.1f,c=%.1f\n",a,b,c);
}
```

2. 参考程序:

```
#include <stdio.h>
#include <string.h>
void main()
{
    char s[1024],t[1024];
    int len,i,j=0;
    gets(s);
    len=strlen(s);
    for(i=len-2;i>=0;i-=2)
    {
        t[j++]=s[i];
        t[j++]=s[i];
        t[j++]=s[i+1];
        t[j++]=s[i+1];
    }
    if(i==-1)
    {
        t[j++]=s[i+1];
        t[j++]=s[i+1];
```

```
    }
    t[j]='\0';
    puts(t);
}
```

综合练习 4

一、单选题（每题 2 分，共 60 分）

1	2	3	4	5	6	7	8	9	10	11	12	13	14	15
B	D	D	C	C	C	C	D	C	D	C	A	D	B	D
16	17	18	19	20	21	22	23	24	25	26	27	28	29	30
B	D	C	A	D	C	D	D	C	A	C	C	D	C	B

二、填空题（每题 4 分，共 20 分）

1．220.000000

2．Hello

3．1

4．a=157　a=0157　a=6f　a=0x6f

5．4

三、编程题（每题 10 分，共 20 分）

1．参考程序：

```
#include <stdio.h>
float f(float x,float y,float z)
{
    float t;
    t=(x+y)/(x-y)+(z+y)/(z-y);
    return(t);
}
void main()
{
    float x,y,z;
    do
    {
        printf("请输入 x,y,z:");
        scanf("%f%f%f",&x,&y,&z);
    }while(x==y||z==y);
    printf("f=%.2f\n",f(x,y,z));
}
```

2．参考程序：

```
#include <stdio.h>
void count(char *a,int *b)
{
    int k=0;
    while(*(a+k)!='\0')
```

```
        {
            if(*(a+k)>='v'&&*(a+k)<='z')
            {
                b['z'-*(a+k)]++;
            }
            else
                b[5]++;
            k++;
        }
}
void main()
{
    char a[1024];
    int b[6]={0};
    int i;
    gets(a);
    count(a,b);
    for(i=0;i<6;i++)
    {
        printf("%d ",b[i]);
    }
}
```